Raumlehre
für Volksschulen.

Von

J. G. Graßmann,
Subrector am Gymnasio zu Stettin.

Erster Theil.

Ebene räumliche Verbindungslehre.

Mit 3 Kupfertafeln.

Berlin, 1817.
In der Realschulbuchhandlung.

Vorrede.

Ueber die Veranlassung und den nächsten Zweck dieser Schrift ist bereits in der Vorrede zu dem kürzlich herausgekommenen Bartoldyschen Versuch einer Sprachbildungslehre für Deutsche das Nöthige gesagt.

Der Entwurf derselben verdankt seinen Ursprung einigen hier angelegten Armenschulen, deren Einrichtung und erste Begründung, so wie die Vorbereitung der dabei anzustellenden Lehrer ich mit einigen bereits verstorbenen Freunden, insbesondre dem Schulrath Bartoldy, aus Liebe zur guten Sache freiwillig und unentgeldlich übernahm.

In wiefern der Zweck, für welchen die erste Bearbeitung unternommen wurde, durch die vorliegende Schrift auch in einem weitern Kreise erreicht werden könne, darüber erwarte ich das Urtheil der Kenner, da es wohl keinem Zweifel unterworfen ist, daß die Raumlehre (Geometrie) mit in den Kreis der Bildungsmittel für die Jugend aller Stände gehört. Der Umstand, daß sie ursprünglich für eine Armenschule bestimmt war, hat auf die Schrift selbst nicht den mindesten Einfluß gehabt, da es mir nie in den Sinn gekommen ist, die Anfangspuncte einer allgemein menschlichen Bildung bei verschiedenen Ständen, auch nur ihrer Behandlungsart nach, als verschieden anzusehen, und es ist nach Anleitung derselben der Unterricht sowohl in den untern Classen des Gymnasii, als auch in mehreren hiesigen Elementarschulen betrieben worden; nur auf die Form derselben könnte dieser Umstand in so fern einen Einfluß gehabt haben, als dadurch auch solche Lehrer in den Stand gesetzt werden sollten, darnach zu unterrichten, welche mit dem Gegenstande derselben noch nicht hinlänglich vertraut sind.

Es wurde diese Form nach gemeinsamer Verabredung, wie für die Zahlenlehre und Sprachbildungslehre, so auch für diese Raumlehre gewählt, weil es uns nothwendig schien, den Lehrer mit der Methode, so wie sie den Verfassern bei der Ausarbeitung vorschwebte, vertraut zu machen, und weil wir glaubten, daß dieses nicht besser geschehen könne, als indem wir uns ganz in dessen Stelle setzten, und ihn mit den Kindern redend und handelnd einführten. Derjenige Lehrer, welcher sich noch keine eigene Ansicht des Gegenstandes und seiner Behandlungsart erworben hat, mag sich vorläufig so genau als möglich an die vorgezeichnete Form halten, und es sich angelegen sein lassen, sich die Gründe der hier gewählten zum Bewußtsein zu bringen, damit er im Stande sei, auch da im Sinne des Ganzen selbstständig fortzufahren, wo ihm nicht mehr jeder Schritt vorgeschrieben ist. Dieses ist hauptsächlich nur zu Anfange geschehen, und so wie der Unterricht vorschreitet, ist auch der Lehrer allmählig mehr und mehr sich selbst überlassen worden, so daß in den spätern Abschnitten die Gesprächsform ganz aufgegeben, und nur hin und wieder die Form einer Frage und einer Auflösung aufgestellt ist, alles übrige aber in zusammenhängendem Vortrage fortgeht. Auch der weniger geübte

Lehrer, der es redlich mit seinem Amte meint, erhält dadurch freieren Spielraum, und wird sich, ohne in Gefahr zu sein, sich von dem rechten Wege zu verirren, um so freier und selbstthätiger fühlen, je mehr seiner eigenen Ansicht überlassen bleibt. — Wenn sich aber ein Lehrer unter seinen Schülern eine andere Ordnung geschaffen, und einen andern Gang der Entwickelung gefunden haben sollte, welche ihm nach seiner Eigenthümlichkeit mehr zusagt, so soll er hierdurch keinesweges beschränkt werden, sondern es mag ihm dann die hier befolgte Ordnung und Methode einen Gegenstand der Vergleichung darbieten, woran sich vielleicht manches zu deutlicherem Bewußtsein entwickelt. Einfachheit und Bestimmtheit der Fragen und Aufgaben, die mit Entfernung aller Künstelei und alles unnützen Nebenwerks den Kindern das, wovon die Rede ist, recht klar vor Augen stellen, suchte der Verfasser, so viel es ihm möglich war, überall zu erreichen, und diese ist es, welche er den Lehrern empfiehlt, und worin er sich vornämlich von ihnen übertroffen zu sehen wünscht, denn nichts ist der reinen Auffassung, besonders in dem kindlichen Verstande, hinderlicher, als wenn man auf Umwegen, wie künstlich und sinnreich diese immer sein mögen, zu einem Ziele zu gelangen sucht, wohin eine einfache und gerade Straße führt. Die Gefahr des Mißverständnisses wächst mit der Länge des Weges, und kann auch von den erfahrensten Lehrern nicht immer vermieden werden.

Die von Krug zuerst aufgestellten Vorübungen zur Erweckung der Aufmerksamkeit auf das Thun und Reden des Lehrers, und im richtigen Zusammensprechen habe ich nach der Bartoldyschen Bearbeitung hier mit aufgenommen. Wo ich sonst noch Vorgänger, als Joseph Schmid und Zeller benutzt habe, wird man bald finden, aber auch leicht erkennen, daß dieses nur an wenigen Stellen geschehen, und daß der Hauptheil des Werkchens mir eigenthümlich sei. Jenen gebührt indeß auch in Beziehung auf diese Schrift das Verdienst die Idee aufgestellt, nnd zuerst Hand ans Werk gelegt zu haben. Was in derselben geleistet sei, darüber muß sie selbst freilich die beste Rechenschaft geben, doch wird man es dem Verf. verzeihen, wenn er, in der Besorgniß, von manchen mißverstanden zu werden, hier einiges zur Rechtfertigung seines Ganges hinzufügt.

Es scheint mir, als ob der Werth aller Bemühungen zur methodischen Bearbeitung der Lehrgegenstände, insbesondere solcher, welche nicht Erfahrungsgegenstände betreffen, so lange sehr zweifelhaft bleibt, als damit nicht zugleich die um größere Aufklärung der Elemente dieser Lehrgegenstände verknüpft ist. Nur dadurch können sie dauernden Werth erhalten, daß sie die ersten Anfangspuncte, welche dieses sowohl für die Wissenschaft, als für den Unterricht sind, aufsuchen, diese in ihrem natürlichen Zusammenhange mit Klarheit verfolgen, und den Schüler dadurch jedesmal in die Mitte der Untersuchung stellen, so daß er nicht nur den Weg, wie er bis dahin gekommen, deutlich übersieht, sondern auch im Stande ist, vorwärts zu blikken, und schon im Voraus zu bestimmen, was nun folgen müsse.

Das, was Joseph Schmid unter dem Namen der Formenlehre giebt, hat unstreitig für die Raumlehre diesen Zweck. Es sollte dadurch dem Anfänger, welcher die Anordnung der Lehrsätze in den mathematischen Lehrbüchern nicht begreift, ein Leitfaden gegeben werden, zu dieser Einsicht zu gelangen, allein die Verbindungen (Combinationen) werden bald so weitläuftig und verwickelt, daß man es aufgeben muß, sie weiter zu verfolgen, ehe man zu dem Gesetze des Fortgangs gelangt. Der Schüler verstrickt sich in die Linienverbindung so tief, daß ihm keine Hoffnung bleibt, sich durch die immer größer werdende Verwirrung durchzuarbeiten. Er muß demnach mit dem kränkenden Gefühle nicht befriedigt zu sein, zu einer neuen Aufgabe übergehen, wo ein ähnliches Schicksal seiner harret.

Dieses veranlaßte mich, überall die unendliche Linie der Construction zum Grunde zu legen, wodurch nicht nur jene endlose Weitläuftigkeit vermieden, sondern auch alle Willkühr ausgeschlossen, und die Gesetze des Fortganges der Verbindungen leicht und klar anschaulich werden. Daß die äußere Construction die innere in der Idee hier niemals ganz und vollständig ausdrücken kann, halte ich eher für einen Vortheil als für einen Nachtheil, denn es ist doch nur die letztere, von der alle mathematischen Wahrheiten in ihrer völligen Schärfe gelten. Die Kraft der innern Construction zu wecken und zu beleben ist der Hauptzweck alles mathematischen Unterrichts, und es kann damit nicht früh genug begonnen werden. Eine klare, feste und geordnete Anschauung des Construirten in seiner gänzlichen Abhängigkeit von den Bedingungen kann nur bei einer idealen Construction statt finden, und durch eine blos äußere, zumal nicht selbst von den Kindern hervorgebrachte, niemals ersetzt werden; ungezweifelte Erfahrungen haben mich aber überzeugt, daß auch ganz kleine Kinder zu denselben in einem kaum erwarteten Grade fähig sind.

Da ich die Formenlehre schon früher für das nämliche in Absicht auf die Raumlehre erkannt hatte, was die Combinationslehre in Absicht auf die allgemeine Größenlehre ist, so überraschte es mich nicht, als ich hier überall dieselben Gesetze wie in der allgemeinen Combinationslehre fand. Es ist hier nicht der Ort, meine Ansicht über die Mathematik niederzulegen, und muß ich mir dieses für eine andere Zeit vorbehalten, doch kann ich nicht unbemerkt lassen, daß, so wie die Synthesis des Gleichartigen die Größe, so die Verknüpfung des Verschiedenen als eines solchen die Combination giebt, es bestehe nun diese Verschiedenheit in der vorausgesetzten Ungleichartigkeit der Elemente, oder in ihrer Folge in Zeit und Raum. Auch die Geometrie hat demnach ihre Combinationslehre, und das vorliegende Büchlein ist ein Versuch die Anfangspuncte derselben zu geben. Die darin vorausgesetzte Verschiedenheit ist die Verschiedenheit der Richtung. Was in der allgemeinen Combinationslehre die Ambe (das Gezwei) ist, erscheint hier theils als Durchschnittspunct, theils als Winkel, Seite u. s. w., die Terne (das Gedrei) als Dreieck. Was in der allgemeinen Combinationslehre gleichartige Elemente sind, zwischen denen sich also nicht weiter, als in Beziehung auf ihre Zahl combiniren läßt, sind hier gleichlaufende Linien. Was dort die Darstellung der Combinationen ist, die man ja auch ihre Figur nennt, ist hier die Zeichnung; die Berechnung ist in beiden völlig ähnlich.

Das Büchlein würde daher nicht unpassend den Titel einer geometrischen Combinationslehre erhalten haben, wenn ich diesem nicht den deutschen vorgezogen hätte. Da hier nur von Verbindung der Linien zu solchen Constructionen die Rede ist, die in einer Ebene liegen, so habe ich es auf ähnliche Weise eine räumliche Verbindungslehre genannt, wie man von einer ebenen Geometrie oder Trigonometrie im Gegensatze gegen die körperliche spricht. Es war anfangs meine Absicht, mich auch auf die gerade Linie zu beschränken, da aber der Kreis schon in die ersten Anfangsgründe der Größenlehre gehört, so gab ich diese Absicht zwar auf, hielt mich aber an die einfachsten Verbindungen, obgleich es leicht gewesen sein würde, auch hier die Zahl der Durchschnittspuncte, der Winkel und Figuren, welche bei dem Durchschnitte mehrerer Kreise unter sich und mit geraden Linien entstehen, anzugeben; auch schien es mir bedenklich, die einfach klare Ansicht der Winkel dadurch bei den Kindern vielleicht zu verwirren, daß auch die Neigung zweier Bogen gegen einander ein Winkel genannt würde. Endlich führen die hier angestellten Verbindungen auf alle die Figuren, welche in den Lehrbüchern der Elementargeometrie den Gegenstand der Untersuchung ausmachen, sind also in so fern für ihren Zweck hinreichend.

Der zweite Theil, welcher die räumliche Größenlehre, d. h. die eigentlich so genannte Geometrie für den Elementarunterricht bearbeitet enthalten soll, ist größtentheils vollendet, und bedarf nur noch einer Ueberarbeitung. Er wird, wenn die Menge meiner Berufsgeschäfte es irgend gestattet, zu Michaelis, spätestens Ostern künftigen Jahres erscheinen. — Hier habe ich sorgfältig vermieden, irgend etwas aufzunehmen, was auf Größe Beziehung hat, weshalb auch die rechten, spitzen und stumpfen Winkel noch gar nicht erwähnt sind, da sich ihre Unterscheidung auf ihre Größe gründet. — Die Ordnung, in welcher die Verbindungen hier auf einander folgen, scheint mir so einfach, daß gegen dieselbe kaum etwas eingewandt werden mögte, wenn man über den Grundsatz einverstanden ist. — Das äußere Resultat des Ganzen ist die Aufstellung aller der Constructionen, welche die Größenlehre zu untersuchen hat. Das Kind sucht sich also hier selbst alle die Figuren auf, deren Größenverhältniß es kennen lernen soll, und weiß nun in dem Felde Bescheid, welches es ausmessen will. — Billige Beurtheiler werden nicht unberücksichtigt lassen, daß ich mich hier in ein bisher fast ganz ungebautes Gebiet gewagt habe, und dieses doch zugleich auch für den schwächsten zugänglich zu machen bemüht war.

Den Lehrern, welche von diesem Buche Gebrauch machen wollen, wird empfohlen, die Auflösungen der in den Ueberschriften gemachten Aufgaben zuerst für sich zu versuchen, ehe sie die Auflösung durchlesen. Es wird ihnen dann ohne Vergleich alles verständlicher sein. Beim Unterrichte ist vornämlich bei den ersten und einfachsten Fällen zu verweilen, jeder einzelne Durchschnittspunct-, Winkel, Seite, Figur u. s. w. zu zeigen, so daß die Kinder darin recht einheimisch werden. Das Zählen derselben nöthigt die Kinder, sie alle einzeln durchzugehen; und verhindert sie, einige zu übersehen. Die Regel zur Berechnung der sich ergebenden Zahl soll das Product einer voll endeten und geordneten Anschauung sein; der Schüler muß sie nicht auswendig wissen, sondern sie jedesmal aus der Figur ab- lesen, und in derselben die Regel gleichsam verkörpert oder räumlich dargestellt sehen. Man vergleiche Seite 80 und 81. — Die Uebungen im Kopfe verdienen besonders empfohlen zu werden, und glücken gewiß, wenn der Lehrer sich genau an die hier gegebene Vorschrift hält.

Was das Alter betrifft, in welchem die- ser Unterricht beginnen kann, so haben mich ungezweifelte Erfahrungen überzeugt, daß der- selbe schon mit 7 bis 8 jährigen Kindern gut von Statten ging, und daß die Kinder sehr viel Theilnahme für denselben bezeigten, auch späterhin immer eine besondere Vor- liebe für denselben behielten. Ueber die Dauer des Lehrcursus läßt sich zwar nicht genau etwas bestimmen, doch ist bei ganz kleinen Kindern und 3 bis 4 wöchentlichen Lehrstunden ein Jahr, bei erwachsenern ein halbes Jahr für die Verbindungslehre voll- kommen hinreichend. Für die Größenlehre wird etwa der doppelte Zeitraum erfordert werden. — Ein zweckmäßiger Unterricht in der angewandten Raumlehre für den Hand- werker und den Landmann, für jeden besonders bearbeitet, könnte diesen Lehrgegenstand bei denen schließen, denen es nicht vergönnt ist, sich auf einer höhern Schule eine weitere Ausbildung zu verschaffen.

Stettin, den 20. April 1817.

Allgemeine Vorübungen.

Zur Erweckung der Aufmerksamkeit auf das Thun und Reden des Lehrers, und im richtigen Zusammensprechen.

Die Kinder befinden sich in ruhiger Stellung vor dem Lehrer, oder um ihn so geordnet, daß Schüler und Lehrer einander stets vor Augen haben: die Hände der Kinder liegen frei neben einander, oder hangen auf jeder Seite hinab.

Lehrer. (künftig L.) Merkt auf Kinder, was ich thue und sage! (indem er die rechte Hand aufwärts hebt) „ich strecke die rechte Hand aufwärts."

L. Thut mir jetzt nach, was ich gethan habe; aber nicht eher, bis ich es euch sage, und euch dazu einen Wink gebe.

— Rechte Hand aufwärts! (Wink, indem der Lehrer ohne die Lage seines Armes zu ändern, blos seine Hand ein wenig aufwärts hebt, welches künftig mit „W!" bezeichnet werden soll). Zwischen dem Geheiße des Lehrers an die Kinder über das, was sie thun sollen, und zwischen dem Augenblicke, wo es geschehen soll, müssen die Kinder eine kleine Zwischenzeit behalten, um zu überlegen, was sie zu thun haben. (Diese Zeit der Ruhe soll künftig mit „R!" bezeichnet werden: und es würde sich dann dieser ganze Absatz kürzer so schreiben lassen):

L. Rechte Hand aufwärts! — R. — W! Die Kinder thun nun das Geheißene. (künftig „Kr. t")

Wenn ein Kind etwa die Hand vor dem Winke des Lehrers, oder wenn es die linke Hand statt der rechten erhebt; so wird der Fehler liebreich verbessert.

L. Merkt wieder auf, und thut auf meinen Wink, was ich euch sage! — Rechte Hand wieder zurück! — R. — W. — Kr. t.

Sollten Einige die Hand schon früher wieder hinabgesenkt haben; so sagt ihnen der Lehrer, daß sie keine Bewegung früher machen sollen, bis er es ihnen sagen werde.

Nach dieser ersten Anweisung wird nun diese Bewegung und Rückbewegung in gleicher Ordnung und in gleichem Zeitmaaße so lange wiederholt, bis sie mehreremal (etwa dreimal hinter einander) mit völliger Genauigkeit und Gleichzeitigkeit von Allen erfolgt. Also:

L. Rechte Hand aufwärts! — R. — W. — Kr.

t. — Rechte Hand wieder zurück! — R. — W —
Kr. t.

Begangene Fehler werden schnell verbessert, und durchaus jedes unnütze Wort vermieden.

Sobald die erwünschte Pünktlichkeit und Geläufigkeit in dieser Uebung erreicht ist, fängt der Lehrer wieder an:

L. Rechte Hand aufwärts! — R. — W. —
Kr. t. — Anstatt aber fortzufahren wie sonst: Rechte Hand wieder zurück! fragt er jetzt:

L. Was habt ihr aufwärts gestreckt?

Die Kinder schreien durch einander: die rechte Hand.

Der Lehrer sagt ihnen, daß sie nach jeder Frage warten müssen, bis er ihnen einen Wink zum Reden giebt, und daß er, damit sie nicht ungleich schnell sprechen und dadurch unverständlich werden möchten, durch Heben und Senken seiner Hand ihnen zu Hülfe kommen wolle. (Er bezeichnet von nun an bei seinem Vorsprechen zugleich das Zeitmaaß, indem er während des Aussprechens der Worte „die rechte Hand" bei den Sylben „die" und „te" die Hand, ohne doch die Lage des Arms dabei zu ändern, blos vermittelst des Handgelenks, hebt; bei den Silben „rech" und „Hand" aber sie wieder senkt: so läßt er dann die Kinder die vorigen Worte einige mal zusammen nachsprechen, und giebt ihnen durch diese Handbewegungen das Zeitmaaß für die Dauer jeder Sylbe an. Ueberhaupt muß bei diesem Angeben des Taktes zum gemeinschaftlichen Sprechen allemal das Senken der Hand bei solchen Sylben geschehen, die im Sprechen einen größern Nachdruck haben. Wenn mehrere Sylben kurz und ohne Nachdruck auf einander folgen, z B. in den Worten „seid fleißig und gut" wo nur die beiden Sylben „fleiß" und „gut" einen Nachdruck haben, aber „ig!" und „und" kein Gewicht bekommen müssen: so läßt sich die genaueste Gleichzeitigkeit im gemeinschaftlichen Sprechen der Kinder dadurch erhalten, daß man die aufgehobene Hand bei der zweiten kurzen Sylbe ein wenig rechts seitwärts bewegt, und diese Bewegung bei jeder darauf folgenden kurzen Sylbe ein klein wenig weiter rechts fortsetzt, bis man die Hand bei der ersten nachdrücklichen Sylbe wieder senkt und in ihre vorige Lage bringt. Diese kurzen Bewegungen nach der rechten Seite werden aber nur beim ersten Anfange nöthig sein, weil sich die Kinder recht bald so sehr an den Takt beim Zusammensprechen gewöhnen, daß der Lehrer blos die nachdrücklicheren Sylben durch Senkung der Hand bezeichnen darf, bei den übrigen aber dieselbe aufgehoben in Ruhe halten kann, ohne daß daraus eine Unordnung entsteht.

So wird die vorige Antwort wiederhohlt, bis sie deutlich und laut, aber ja nicht schreiend, welches durchaus nicht geduldet werden darf, in gleichem Zeitmaaße, nach den Handbewegungen des

Lehrers von den sämmtlichen Kindern zugleich ausgesprochen wird).

L. Rechte Hand aufwärts! — R. — W. —
Kr. t. — Was habt ihr aufwärts gestreckt? — R. — W. — Kinder antworten (künftig! K. a) die rechte Hand.

L. Was habt ihr mit der rechten Hand gethan?

Kr. a. wir haben sie aufwärts gestreckt!

(Die Senkungen der Hand des Lehrers gehören in die mit ' bezeichneten Sylben: die mit " bezeichnete Hauptsenkung in der Sylbe „auf" welche stärker und länger als alle übrigen in dem ganzen Satze ausgesprochen werden muß, kann von dem Lehrer durch eine tiefere und länger anhaltende Senkung der Hand angedeutet werden. Die Antwort wird wieder so oft wiederholt, bis sie richtig zusammengesprochen ist. Je sorgfältiger der Lehrer beim ersten Anfange auf pünktliches und richtiges Zusammensprechen sieht, desto mehr unnützen Aufwand an Zeit und Mühe erspart er sich für die Folge. Besonders sehe er darauf, daß die Kinder dabei ganz natürlich sprechen, ohne zu schreien oder zu singen! Am leichtesten läßt sich dieß durch gutes Vorsprechen erhalten).

Nachdem beide Fragen hinter einander gehörig und fertig beantwortet sind, beginnt der Lehrer wieder:

L. Rechte Hand aufwärts! — R. — W. — Kr. t.
L. Was habt ihr gethan? — R. — W. — Kr. a.
Wir haben die rechte Hand aufwärts gestreckt.

L. Rechte Hand wieder zurück! — R. — W. — Kr. r. —

L. Was habt ihr gethan? — R. — W. — Kr. a. Wir haben die rechte Hand wieder zurück bewegt.

Jetzt erst sind die Kinder zu dem vollen Bewußtsein ihres ganzen Thuns gelangt, und jetzt erst ist es Zeit, mit diesem Thun zu wechseln, indem man zuerst statt der rechten Hand die linke aufwärts heben und wieder zurücknehmen läßt, auch dabei die vorigen Fragen thut, und hernach entweder die eine, oder die andere Hand, oder auch beide zugleich, bald aufwärts, bald abwärts, bald vorwärts, bald rechts, bald links ausstrecken, oder auf einen bestimmten Punct damit hinzeigen und dann jedesmal die Kinder sagen läßt, welche Hand, und nach welcher Richtung sie dieselbe bewegt haben.

Der Lehrer sieht aus dem hier angegebenen Beispiele zugleich, wie er es anzufangen hat, um die Kinder durch seine Fragen dahin zu bringen, daß sie niemals unvollständige, sondern stets vollständige, für sich allein verständliche Antworten geben. Die beiden ersten Antworten „die rechte Hand" und „wir haben sie aufwärts gestreckt" sind solche mangelhafte, für sich allein nicht verständliche; dagegen die dritte „wir haben die rechte Hand aufwärts gestreckt" ohne weiteren Zusatz sich verstehen läßt. Nachdem der Lehrer auf dem hier angedeuteten Wege die vollständige Antwort herausgebracht hat, thue er deshalb die erste Frage noch einmal, wo er wieder zur Antwort erhalten wird „die rechte Hand."

L. Kann man wohl verstehen, was ihr damit meint, wenn ihr blos sagt „die rechte Hand'? Man hört wohl, daß ihr von der rechten Hand etwas sagen wollt; aber man weiß nicht was: setzt dieß also hinzu, damit ihr verständlich sprecht. Was habt ihr aufwärts gestreckt?

K. Die rechte Hand haben wir aufwärts gestreckt.

Eben so könnte er, wenn es nöthig wäre, noch zeigen, daß in der Antwort „wir haben sie aufwärts gestreckt" zwar von etwas gesagt werde, daß sie es aufwärts gestreckt hätten, daß aber Niemand daraus wisse, wovon die Rede sei und was sie denn aufwärts gestreckt hätten.

L. Ihr habt nun gelernt, was zu einer verständlichen Antwort gehört. Vergeßt also künftig in euren Antworten nie, mir jedesmal genau anzugeben, wovon ihr sprechen wollt, und was ihr davon zu sagen habt!

Diese Vorschrift muß in der Folge durchaus allenthalben genau beobachtet werden, weil sich den Kindern sonst immer der ausgesprochene Theil eines Satzes, sei es nun der Ausdruck dessen, wovon die Rede ist, oder dessen, was davon gesagt wird, nothwendig viel stärker einprägt, als der unausgesprochene, wobei sie also zu keiner hellen Einsicht in den ganzen Satz gelangen können, die ohne eine klare Vorstellung von beiden und von ihrem Zusammenhange nicht möglich ist.

Nach Vollendung dieser Uebung lasse der Lehrer nun solche Schüler, die sich durch vorzüglichen Eifer hervorthun, an seine Stelle treten, und erlaube ihnen, eine oder die andere Uebung selbst durchzuführen.

Sind diese Vorübungen den Kindern, etwa in den ersten drei Stunden, geläufig geworden; so gehe man zum folgenden Abschnitt über: doch wiederhole man jene immer noch einige Zeit zu Anfange jeder Stunde! Ueberhaupt wiederhole man zu Anfange jeder Stunde das Nöthige aus den sämmtlichen vorhergegangenen Uebungen, aber mit möglichster Geschwindigkeit, und lasse immer dabei dasjenige fort, worin es die Kinder schon zur Fertigkeit gebracht haben.

Eine Bemerkung, welche das Aeußere des Unterrichts betrifft, und deren Beherzigung angehenden Elementarlehrern sehr empfohlen wird, finde hier noch ihren Platz. Wenn der Lehrer in der bestehenden Ordnung beim Unterrichte eine Abänderung trifft, und eine neue Form desselben einführt, so thue er es nie ohne sie von allen Seiten überlegt, und das Gelingen durch alle Mittel, die in seiner Gewalt stehen, vorbereitet zu haben. Ein mißlungener Versuch dieser Art kann gefährlich für den gleichmäßigen Gang der äußern Ordnung werden, und wenn ein geschickter Lehrer die Folgen davon auch leicht wieder aufzuheben weiß, so raubt es doch das Vertrauen und die Sicherheit — dem Schüler, daß er werde leisten können, was der Lehrer von ihm fordert, — dem Lehrer, daß er durchsetzen werde, was er für dienlich erkannt. — Das Gelingen auf den ersten Wurf ist hier fast immer ein Gelingen überhaupt, und erfordert nur die stete Aufmerksamkeit des Lehrers auf jeden sich einschleichenden Mißbrauch. Wenn z. B. ein Lehrer beabsichtigte, bei den Uebungen einen Schüler an seine Stelle treten zu lassen, so geschehe dieses zuerst bei Einübung einer Reihe, wie dergleichen in der Zahlenlehre besonders mehrere vorkommen; er wähle dazu einen, der nicht zu blöde ist, und von dem er weiß, daß ihm der

Fortgang der Reihe geläufig geworden, und daß er das Vertrauen seiner Mitschüler besitzt. Steht dieser nun an des Lehrers Platze, so gebe er ihm durch Angabe des Zeitmaaßes, des richtigen Tons zu Anfang und auf andre Weise die nöthige Hülfe, ohne ihn zu unterbrechen. Der Versuch kann als gelungen angesehen werden, wenn sich das Ganze innerhalb der ihm gesetzten Grenze mit Ordnung leicht und fröhlich bewegt, und der Wunsch nach Wiederholung in den Kindern angeregt ist.

Vorübungen zur Raumlehre.

Erster Abschnitt.

Rückgang vom Körper zum Puncte.

Der Lehrer bedarf für die ersten Stunden einiger geometrischer Körper, welche er herbeizuschaffen suchen muß, und die ihm jeder Tischler und Drechsler leicht für einen geringen Preis wird machen können. Er kann sie nachmals wieder zu den Uebungen im Zeichnen gebrauchen, muß sie dann aber nicht zu klein, sondern etwa von 6 bis 8 Zoll Höhe, und 2 bis 3 Zoll Durchmesser machen lassen. Eine drei- oder vierseitige Ecksäule (Prisma, eine dergleichen Spitzsäule (Pyramide), ein Würfel, eine Walze (Cylinder), ein Kegel und eine Kugel sind dazu hinreichend. Kugel und Würfel können von 3 bis 4 Zoll Durchmesser gemacht werden.

1.

Der Körper.

L. (spricht vor.) Der Tisch ist ein Körper — R. — W. —

(Die Kinder sprechen dieses nach, indem der

Lehrer mit der Hand das Zeitmaaß angiebt. Eben so bei den folgenden Sätzen.)

L. Die Bank ist ein Körper.

— Die Tafel ist ein Körper.

— Die Wand ist ein Körper.

— Jedes Ding, was man anfassen kann, ist ein Körper.

Eben so werden mehrere im Schulzimmer oder in der nächsten Umgebung der Kinder befindliche Körper durchgegangen, indem der Lehrer darauf hinzeigend vorspricht. Sind die Kinder im Zusammensprechen schon geübt, so kann abwechselnd eines derselben vorsprechen; die übrigen sprechen zusammen nach, indem der Lehrer das Zeitmaaß angiebt.

Hierauf setzt der Lehrer den Kindern die obengenannten geometrischen Körper vor, zeigt und nennt sie.

L. Die Ecksäule R. — W. Die Kinder wiederholen (künftig „Kr. w.")

L. Die Spitzsäule = =

— Der Würfel = =

— Die Walze = =

— Der Kegel = =

— Die Kugel = =

Ist dieses einigemal wiederholt, so müssen die Kinder die Namen der Körper, in der Ordnung wie sie stehen, einigemal gemeinschaftlich aussprechen. Der Lehrer giebt mit der Hand das Zeitmaaß an; bei jeder betonten Sylbe erfolgt eine Senkung derselben. Nun wird die Ordnung der

Körper verändert, und die vorige Uebung wiederholt. Dann zeigt der Lehrer mit der Linken einen Körper; die Kinder sprechen den Namen desselben aus in dem Augenblick, wo der Lehrer mit der Rechten winkt. Hierauf Fragen. — Wie heißt der zweite vom rechten Ende der Reihe? der größte? der mittelste? der am meisten vor- oder zurückstehende? — Die Antworten der Kinder müssen jedesmal für sich verständlich, und also vollständig sein, wie bei den allgemeinen Vorübungen bemerkt ist. — Späterhin kann der Lehrer zwei, drei und mehr Körper hinter einander berühren; die Kinder geben theils einzeln, theils bei größerer Fertigkeit zusammen die Namen der berührten Körper, in der Ordnung wie sie berührt wurden, an.

Diese Uebung kann unter mancherlei Abwechselungen so lange fortgesetzt werden, bis die Namen der Körper den Kindern geläufig sind, und alle mit Fertigkeit die vorgelegten Fragen richtig beantworten. Auch kann der Lehrer einen der fertigsten Schüler an seine Stelle treten, und die Uebung fortsetzen lassen.

In der folgenden Stunde wird das bisherige seinen Hauptsätzen nach wiederholt, z. B.

Jedes Ding, was man anfassen kann, ist ein Körper.

Der Tisch ist ein Körper.

Der Stuhl ist ein Körper.

Der Würfel ist ein Körper u. s. w.

2.

Die drei Abmessungen eines Körpers.

Der Lehrer bedarf zu dieser Uebung einer Ecksäule, deren Seitenflächen Rechecke sind. Im Fall er sie nicht hat, ist jede Schublade — noch besser ein Mauerstein — dazu hinreichend.

L. Wenn ich die Größe dieser Ecksäule wissen will, was muß ich thun? Der Lehrer läßt den Kindern ein wenig Zeit zur Besinnung, und ruft dann ein Kind bei seinem Namen auf. (künftig „R. — N. —")

K. Wenn ich die Größe dieser Ecksäule wissen will, so muß ich sie messen.

L. (mißt sie, und spricht zu den Kindern): Sie ist eine Spanne lang. — Was wissen wir nun also von der Ecksäule? R — W.

Kr. Wir wissen, daß die Ecksäule eine Spanne lang ist.

L. Wir wissen, wie lang die Ecksäule ist, oder ihre Länge.

— Weiß ich ihre Größe schon ganz, wenn ich ihre Länge weiß?

— Was muß ich außer ihrer Länge noch wissen?

Uebung.

L. Die Ecksäule hat eine Länge. R. - W. - Kr. w.
— Die Ecksäule hat eine Breite. = = =
— Die Ecksäule hat eine Dicke. = = =
— Die Tafel hat eine Länge. = = =
— — — — — Breite. = = =
— — — — — Dicke. = = =

„Der Tisch, der Ofen, der Würfel ꝛc. hat Länge, Breite und Dicke.

„Jeder Körper hat Länge, Breite und Dicke.

Anm. Indem der Lehrer jeden einzelnen Satz ausspricht, fährt er mit der flachen Hand über dem Körper nach Länge und Breite hin, und bezeichnet eben so die Dicke.

3.

Die Fläche; ihre zwei Abmessungen.

L. Könnt ihr den Tisch, die Ecksäule, den Würfel ganz und gar sehen?

— Könnt ihr auch das sehen, was inwendig ist?

— Was könnt ihr also an dem Würfel nur sehen?

Kr. Wir können an dem Würfel nur das sehen, was auswendig ist.

L. Wir sehen an dem Würfel nur das, wodurch er begrenzt ist, oder seine Grenze, seine Oberfläche.

L. (spricht vor.) Die Grenzen des Würfels sind Flächen. R. — W. — Kr. w.

— Die Grenzen der Tafel sind Flächen. R. — W. — Kr. w.

— Die Grenzen des Tisches sind Flächen. R. — W. — Kr. w. u. s. w.

Indem der Lehrer dieses sagt, fährt er mit der flachen Hand über die Fläche, welche er nennt, hin.

L. Die Grenzen der Körper sind Flächen.

— Was kann ich an dieser Fläche messen?

— Kann ich auch ihre Dicke messen?

L. Da eine Fläche nur die Grenze eines Körpers, nur der Ort ist, wo der Körper aufhört, so kann sie nicht bis auf eine gewisse, auch noch so kleine Entfernung in dieselbe hineingehen. Sie kann also gar keine Dicke haben.

Der Lehrer erklärt dieses den Kindern, indem er einen Körper in der Hand hält, und an diesem das Gesagte sogleich zeigt.

Uebung.

Lehrer (spricht vor.) Die Fläche des Würfels hat Länge. R. — W. — Kr. w.

— Die Fläche des Würfels hat Breite. R. — W. — Kr. w.

— Die Fläche des Würfels hat keine Dicke. R. — W. — Kr. w.

— Die Fläche des Tisches hat Länge R. - W. - Kr. w.

— „ „ „ „ „ Breite. „ „ „ „

— „ „ „ „ „ keine Dicke. „ „ „

u. s. w.

Indem der Lehrer sagt: die Fläche des Würfels, Tisches ꝛc. hat Länge, Breite, fährt er mit der flachen Hand nach beiden Richtungen über die Fläche hin. — Indem er sagt: die Fläche des Tisches ꝛc. hat keine Dicke, giebt er durch den Zeigefinger die Richtung an, nach welcher die Dicke fallen würde.

L. (spricht vor.) Eine Fläche hat Länge. R. - W. - Kr. w.

— „ „ „ „ „ Breite. „ „ „ „

— „ „ „ „ „ keine Dicke. „ „ „

L. Solche Flächen, wie hier die Flächen des Würfels, sind ebene Flächen.

— Diese hier (auf die krumme Fläche der Walze zeigend) ist eine krumme Fläche.

Der Lehrer läßt nun von den Kindern, sowohl an den vorhandenen geometrischen Körpern, als auch an allen im Lehrzimmer vorhandenen Gegenständen die ebenen oder krummen Flächen aufsuchen.

4.

Die Linie; ihre Abmessung.

L. (den Würfel in der Hand haltend.) Zeige du mir, wo diese Fläche des Würfels nach dieser Seite hin aufhört.

— Das ist eine Linie.

— Zeige mir, wo die Fläche des Würfels nach jener Seite hin aufhört.

— Auch das ist eine Linie ꝛc.

Uebung.

Lehrer (spricht vor.) Die Grenzen der Flächen des Würfels sind Linien. R. — W. — Kr. w.

— Die Grenzen der Flächen der Tafel sind Linien. R. — W. — Kr. w. ꝛc.

(Der Lehrer fährt jedesmal mit dem Finger längs den Linien hin.)

L. (spricht vor.) Die Grenzen der Flächen sind Linien. R. — W. — Kr. w.

L. Was kann ich an dieser Linie messen? R. - N. -
— Kann ich auch ihre Breite und Dicke messen?
— Eine Linie kann keine Dicke haben, weil sie aus der Fläche entsteht, die keine Dicke hatte. Sie kann aber auch keine Breite haben, denn sonst wäre sie schon ein Theil der Fläche, nicht mehr blos die Grenze, das, wo die Fläche aufhört.

Uebung.

L. (spricht vor und zeigt). Die Linie am Würfel hat Länge. R. — W. — Kr. w.
— Die Linie am Würfel hat keine Breite oder Dicke. ꝛc.
— (spr v.) Eine Linie hat Länge. R. - W. - Kr. w.
— Eine Linie hat keine Breite oder Dicke. ; ; ;

5.

Der Punct als Grenze aller Ausdehnung.

L. Zeige mir, wo diese Linie nach der Seite hin aufhört, oder die Grenze der Linie. R. - N. -
— Das ist ein Punct.
— Zeige mir, wo diese Linie nach der andern Seite hin aufhört R. — N. —
— Auch das ist ein Punct.
— Die Grenzen der Linien sind Puncte. R. — W. — Kr. w.
— Kann ich an einem Puncte auch noch etwas messen? R. — N. —

L. Ein Punct kann keine Breite und Dicke haben, denn er entsteht ja aus der Linie. Er kann aber auch keine Länge haben, denn sonst wäre er ja schon ein Theil der Linie, nicht blos mehr die Grenze derselben.

Also: (vorsprechend)

Ein Punct hat keine Länge, keine Breite, und keine Dicke; er bezeichnet blos eine gewisse Stelle.

Zur Wiederholung.

Der Lehrer nimmt einen Würfel, eine Ecksäule, oder andern Körper, und läßt die Kinder die Zahl der Flächen, Linien und Puncte an demselben aufsuchen. Die Kinder können hierbei zwischen ebenen und unebenen Flächen, geraden und krummen Linien unterscheiden, z. B. am Würfel sieht man 6 ebene Flächen, 12 gerade Linien und 8 Puncte.

So wie man hier von dem Körper zur Fläche, von der Fläche zur Linie, von der Linie zum Puncte herabstieg, so kann man nun umgekehrt vom Puncte zum Körper hinaufsteigen, indem man durch Fragen entwickelt, daß durch Bewegung eines Punctes eine Linie, durch Bewegung einer Linie eine Fläche, durch Bewegung einer Fläche ein Körper entsteht. Der Lehrer greift hiermit dem nachfolgenden zwar gewissermaßen vor, indeß ist diese Uebung sehr geschickt, die Vorstellung einer mathematischen Linie und Fläche genauer zu berichtigen, falls sie noch nicht deutlich genug wäre.

Zweiter Abschnitt.

Richtung.

1.

Bewegung überhaupt.

L. Machet eine Bewegung mit der Hand. R. — W. — Kr. t.

— Nun haltet die Hand wieder ruhig.

— Bewegung! — Ruhe! — Bewegung! — Ruhe!

— Machet wieder eine Bewegung, aber nicht früher, als bis ich sage: Anfang! — dann beweget die Hand so lange fort, bis ich sage: Ende!

— Anfang! .... Ende! — Anfang! ...... Ende!

— Was könnt ihr nun also von einer Bewegung sagen?

was hat eine Bewegung? R. — N. —

Kr. Eine Bewegung hat einen Anfang, und ein Ende.

L. Nun merkt darauf, was zwischen Anfang und Ende eurer Bewegung ist.

— Anfang! .... Ende!

— Was ist zwischen Anfang und Ende?

Kr. Zwischen Anfang und Ende der Bewegung ist eine Zeit.

L. Diese Zeit zwischen Anfang und Ende der Bewegung wollen wir die Bewegungszeit, oder die Dauer der Bewegung nennen.

L. Was könnt ihr nun von einer Bewegung sagen? Was hat eine Bewegung? R. — N. —

Kr. Eine Bewegung hat einen Anfang, eine Bewegungszeit, oder eine Dauer, und ein Ende.

L. Machet eine Bewegung! R. — W. — Kr. t.

— Wo hat die Bewegung, welche du gemacht hast, angefangen? wo hat sie aufgehört?

— Wo deine, deine?

— Die Stelle, wo eine Bewegung anfängt, wollen wir den Anfangsort, die Stelle, wo die Bewegung aufhört, den Endort nennen.

— Macht jeder eine Bewegung, und gebt Acht, was zwischen dem Anfangsorte und dem Endorte der Bewegung ist. R. — W. — Kr. t.

— Was ist zwischen dem Anfangsorte, und dem Endorte der Bewegung?

Kr. Zwischen dem ..... ist ein Raum.

L. Wir wollen ihn den Bewegungsraum, oder die Länge der Bewegung nennen.

— Machet eine Bewegung, und seht, wohin sie geht. R. — W. — Kr. t.

— Machet eine Bewegung nach einer andern Seite zu, und seht, wohin diese geht. R. — W. — Kr. t.

— Nach welcher Gegend hin ging die erste, nach welcher die 2te Bewegung? — Bei Dir, bei Dir?

— Das ist die Richtung der Bewegung.

— Wiederholet mir jetzt alles, was ihr von einer Bewegung wißt! R. — N. —

Kr. Eine Bewegung hat einen Anfang, eine Bewegungszeit, oder eine Dauer, ein Ende, einen Anfangsort, einen Bewegungsraum oder eine Länge, einen Endort, und eine Richtung.

Hierauf kann der Lehrer einige Uebungen an solchen Bewegungen folgen lassen, die in einer oder in mehreren Rücksichten gleich, oder ungleich sind.

Z. B. Machet 2 Bewegungen hinter einander, die gleich gerichtet sind! R. — W. — Kr. t.

Machet 2 Bewegungen, die gleich lang, aber ungleich gerichtet sind. R. — W. — Kr. t. u. s. w.

2.

Bewegung nach den Hauptrichtungen.

L. Machet eine Bewegung! R. — W. — Kr. t.
— Zeiget mir den Punct, wo eure Bewegung anfangen soll. —
— Zeiget mir auch die Gegend wo eure Bewegung hingehen soll. R. — W. — Kr. t.
— Nun machet eine Bewegung nach der angezeigten Gegend hin. R. — W. — Kr. t.
— Wohin war deine Bewegung gerichtet? R. - N. - Wohin deine, deine?
— Von dem bezeichneten Puncte machet eine Bewegung gerade nach oben. R. - W. - Kr. t.
— Wohin ist diese Bewegung gerichtet? R. - N. -

Kr. Diese Bewegung ist nach oben gerichtet.

L. Sie ist nach oben, oder aufwärts gerichtet.

— Von demselben Puncte machet eine Bewegung gerade nach unten, oder abwärts. R — W. — Kr. t.

— Wohin war diese Bewegung gerichtet? R. — W. — Kr. a.

Kr. Diese Bewegung war abwärts gerichtet. (Eben so bei dem folgenden)

L. Machet von demselben Puncte aus eine Bewegung gerade rechts.

— Machet von demselben Puncte aus eine Bewegung gerade links.

— Machet von demselben Puncte aus eine Bewegung gerade vorwärts.

— Machet von demselben Puncte aus eine Bewegung gerade rückwärts.

— Machet diese Bewegungen in derselben Ordnung noch einmal, und sprecht bei jeder das Wort aus, welches die Richtung der Bewegung anzeigt.

W.-Bew.	Kr.	(zusammensprechend)	aufwärts.
= =	=	=	abwärts.
= =	=	=	rechts.
= =	=	=	links.
= =	=	=	vorwärts.
= =	=	=	rückwärts.

Sollte es den Kindern anfangs zu schwer fallen, die Bewegungen gemeinschaftlich in dieser Ordnung zu machen, so kann der Lehrer sie zuerst vormachen. Die Kinder machen die Bewegung jedesmal nach, und sprechen dann gemeinschaftlich das Wort aus, welches die Richtung andeutet. Diese Uebung muß mehrere mal und zu verschiedenen Zeiten wiederholt werden.

Fragen.

Wohin ist diese, diese Bewegung gerichtet?

Wenn ich von hier am Rande der Tafel so herum Bewegungen mache, wohin sind sie gerichtet? Am Rande des Tisches? u. s. w.

Wohin ist jetzt mein Arm? dieser Stock gerichtet?

Der Lehrer läßt die Kinder wieder Bewegungen aufwärts, abwärts, rechts, links, vorwärts und rückwärts machen.

L. Nach wie vielen Richtungen habt ihr jetzt Bewegungen gemacht? R. — W. — Kr. a.

Kr. Wir haben nach 6 Richtungen Bewegungen gemacht.

L. Die Richtungen, nach welchen ihr Bewegungen gemacht habt, nennt man Hauptrichtungen.

— Wie viele Hauptrichtungen giebt es? welche sind es?

Die Kinder nennen und zeigen sie.

— Welche von diesen Hauptrichtungen sind einander entgegengesetzt?

L. Welche Richtung ist der Richtung aufwärts entgegengesetzt? R. — N. —

Kr. Der Richtung aufwärts ist die Richtuug abwärts entgegengesetzt.

L. Machet in diesen beiden Richtungen Bewegungen. R. — W. — Kr. t.

— Welche Richtung .... rechts entgegengesetzt.

Kr. Der Richtung rechts .... links entgegengesetzt.

Eben so ist der Richtung vorwärts die Richtung rückwärts entgegengesetzt.

L. Die Richtungen aufwärts und abwärts nennt man senkrechte Richtungen; die übrigen nennt man wagrechte Richtungen.

— Machet hinter einander 2 Bewegungen gerade aufwärts.

— Sind diese Bewegungen gleich gerichtet?

— Sind alle gerade aufwärts gehende Bewegungen gleich gerichtet?

Eben so mit Bewegungen in den übrigen Hauptrichtungen.

L. (steht mit dem Gesichte gegen die Kinder, und macht eine Bewegung vorwärts.)

Wohin ist diese Bewegung gerichtet?

Kr. Diese Bewegung ist vorwärts gerichtet.

L. War die Richtung dieser Bewegung auch für euch vorwärts gerichtet?

wohin war sie für euch gerichtet?

Eben so mit Bewegungen in den übrigen Hauptrichtungen.

L. Ist die Richtung einer Bewegung als vorwärts ꝛc. also für alle Menschen gleich? Worauf kömmt es dabei an?

Kr. Auf die Stellung dessen, der die Bewegung macht.

L. Wenn ich euch also künftig gewisse Bewegungen vormache, und euch nach der Richtung dieser Bewegungen frage, so werdet ihr auf meine Stellung merken müssen.

— Sind die Bewegungen aufwärts und abwärts, oder die Bewegungen in senkrechter Richtung aber auch verschieden, je nachdem ich verschieden stehe?

— Welche Richtungen ändern also nur ihre Benennung je nachdem ich verschieden stehe?

Kr. Die Richtungen: rechts, links, vorwärts und rückwärts ändern ꝛc.

3.

Bewegung nach den Zwischenrichtungen.

L. Zeiget mir eine Stelle, wo eure Bewegung anfangen soll. R. — W. — Kr. t.

— Von dieser Stelle aus machet eine Bewegung aufwärts, und laßt die Hand im Endorte derselben ruhen. R — W. — Kr. t.

— Von diesem Endorte aus machet eine Bewegung rechts, und merkt auf die Stelle, wo diese Bewegung aufhörte. R. — W. — Kr. t.

L. Jetzt machet von dem Anfangsorte der ersten Bewegung gerade bis an den Endort der letzten, eine Bewegung. R. — W. — Kr. r.

— Zwischen welchen beiden Hauptrichtungen liegt die Richtung dieser Bewegung? R. — N. —

Kr. Die Richtung dieser Bewegung liegt zwischen den beiden Hauptrichtungen rechts und aufwärts.

L. Diese Bewegung war also rechts aufwärts gerichtet.

(Der Lehrer läßt die Kinder eben so wie vorhin zuerst eine Bewegung aufwärts, dann eine Bewegung links, endlich eine Bewegung, vom Anfangsorte der ersten gerade bis an den Endort der letzten, machen, und frägt nach deren Richtung. Eben so bei den übrigen Zwischenrichtungen.)

Uebung.

L. (vorsprechend und zeigend.) Diese Bewegung war rechts aufwärts gerichtet. R.-W.-Kr. w.

=	links aufwärts	=	—	—
=	vorwärts aufwärts	=	—	—
=	rückwärts aufwärts	=	—	—
=	rechts abwärts	=	—	—
=	links abwärts	=	—	—
=	vorwärts abwärts	=	—	—
=	rückwärts abwärts	=	—	—
=	rechts vorwärts	=	—	—
=	links vorwärts	=	—	—
=	rechts rückwärts	=	—	—
=	links rückwärts	=	—	—

L. Die Richtungen, nach welchen ihr jetzt Bewegungen gemacht habt, nennt man Zwischenrichtungen.

— Eine Bewegung in einer Zwischenrichtung nennt man eine schräge Bewegung.

— Nenne du mir jetzt die Zwischenrichtungen einer aufwärts gehenden Bewegung, und zeige sie.

K. Rechts aufwärts. — So!

— Links aufwärts — —

— Vorwärts aufwärts — —

— Rückwärts aufwärts — —

L. Wiederholet dieses alle gemeinschaftlich. R. - W. - Kr. t.

— Nennet und zeiget mir in derselben Ordnung alle schräge abwärts gerichteten Bewegungen. R. — W. — Kr. t.

Kr. Rechts abwärts — So!

— Links abwärts — —

— Vorwärts abwärts — —

— Rückwärts abwärts — —

Eben so mit den Zwischenrichtungen einer rechts, links, vorwärts oder rückwärts gerichteten Bewegung.

Fragen.

L. Wenn ich von dieser Ecke der Wandtafel eine Bewegung bis in jene Ecke mache, wie ist sie gerichtet?

— Wenn ich von dieser Ecke der Schiefertafel,

so wie sie hier auf dem Tische liegt, eine Bewegung bis in jene Ecke mache, wie ist sie gerichtet?

L. Wenn ich die Tafel aufrichte, so, daß die Schärfe derselben gerade aufrecht vor mir steht, und nun eine Bewegung von da bis dorthin mache, wie ist sie gerichtet?

— Wenn ich die Tafel aber so aufrichte, daß die eine Fläche derselben gerade vor mir steht, und nun eine Bewegung aus der bis in jene Ecke mache, wie ist sie gerichtet.

— Wie ist jetzt mein Arm, dieser Stock gerichtet? u. s. w.

— Seht jetzt, nach wie vielen Zwischenrichtungen man Bewegungen machen kann?

(Der Lehrer läßt den Kindern Zeit dieses zu überzählen, und frägt dann. Sind noch viele unter den Kindern, die die Zahl nicht richtig angeben, so wird er wohl thun, das Obige zu wiederholen, ehe er weiter geht.)

L. (macht eine Bewegung rechts aufwärts.) Wie ist diese Bewegung gerichtet? R.—W.—Kr. a.

Kr. Diese Bewegung ist rechts aufwärts gerichtet.

(Die Kinder sind vorhin schon gewöhnt, die Bewegungen, welche der Lehrer macht, aus dessen Standpuncte zu bestimmen.)

L. Machet eine Bewegung rechts aufwärts! R. — W. — Kr. t.

— Welche Richtung ist der Richtung rechts aufwärts entgegengesetzt? R. — W. — Kr. a.

Kr. Der Richtung rechts aufwärts ist die Richtung links abwärts entgegengesetzt.

L. Zeiget sie! Kr. t.

Eben so beim Folgenden:

Welche Richtung ist der Richtung links aufwärts entgegengesetzt?

Welche Richtung ist der Richtung vorwärts aufwärts entgegengesetzt?

Welche Richtung ist der Richtung rückwärts aufwärts entgegengesetzt?

Welche Richtung ist der Richtung rechts vorwärts entgegengesetzt?

Welche Richtung ist der Richtung links vorwärts entgegengesetzt?

L. Machet hinter einander zwei Bewegungen rechts aufwärts! R — W. — Kr. t.

— Sind die beiden Bewegungen, welche du gemacht hast, gleich oder ungleich gerichtet? Deine? Deine? Zeige sie noch einmal!

Sollten die Kinder, wie es wohl zu geschehen pflegt, übereinstimmen, daß beide Bewegungen gleich gerichtet seien, so macht der Lehrer aus demselben Puncte zwei Bewegungen, von denen die eine mehr aufwärts als rechts, die andre mehr rechts als aufwärts gerichtet ist.

L. Wie ist diese Bewegung gerichtet?

— Wie ist diese zweite Bewegung gerichtet?

— Sind beide Bewegungen aber gleich gerichtet?

— Worin sind sie unterschieden?

Kr. Die eine ist mehr aufwärts als rechts, die andre mehr rechts als aufwärts gerichtet.

L. Müssen zwei rechts aufwärts gerichtete Bewegungen also gleich gerichtet sein?

— Können sie aber gleich gerichtet sein?

— Machet zwei rechts aufwärtsgehende Bewegungen, welche gleich gerichtet sind!

— Machet .... welche ungleich gerichtet sind.

Eben so mit Bewegungen nach den übrigen Zwischenrichtungen.

L. Sind also Bewegungen, die nach gleich benannten Zwischenrichtungen gehen, nothwendig gleich gerichtet?

— Können sie aber gleich gerichtet sein?

— Was könnt ihr mir hiernach also für einen Unterschied der Hauptrichtungen und Zwischenrichtungen angeben?

— Welche sind für denselben Standort bestimmter, die Hauptrichtungen, oder die Zwischenrichtungen?

4.

Bewegung zur Erzeugung der wagrechten Ebene.

L. Haltet den Arm gerade vorwärts ausgestreckt! Kr t.

— Wie ist euer Arm jetzt gerichtet? R.—W.— Kr. a.

L. Schwenkt den ausgestreckten Arm etwas nach der rechten Seite zu. — Nun haltet inne! Kr. t.

— Wie ist jetzt euer Arm gerichtet? R.—N.—

K. Mein Arm ist rechts vorwärts gerichtet.

L. Schwenkt ihn noch etwas weiter! Kr. t.

— Wie ist er jetzt gerichtet?

— Schwenkt ihn jetzt so weit herum, daß er genau rechts gerichtet ist. Kr. t.

— Wie war euer Arm während der ganzen Zeit wo ihr ihn bewegtet, gerichtet? R.— W.—

K. Mein Arm war während ich ihn bewegte, rechts vorwärtts gerichtet.

L. War er stets gleich gerichtet? — Wie könnt ihr mir die Richtung des Armes während der Bewegund genauer bezeichnen? R.— N.—

K. Der Arm war vor dem Anfange der Bewegung gerade vorwärts gerichtet. Dann mehr vorwärts als rechts, dann eben so weit rechts als vorwärts, darauf mehr rechts als vorwärts, endlich am Ende der Bewegung gerade rechts.

Der Lehrer läßt die Kinder den Arm nun weiter rückwärts schwenken, bis er genau rückwärts ist. Er muß ihnen dabei erlauben, sich mit herum zu drehen, weil es ihnen sonst unmöglich sein würde. Die Richtung des Armes muß jedoch so angegeben werden, als wenn sie noch den vorigen Standpunct einnähmen. Uebrigens richtet er dieselben Fragen wie vorhin an die Kinder.

Eben so müssen sie den Arm nun weiter herumschwenken bis er gerade links, und dann wieder bis er gerade vorwärts gerichtet ist. Jedesmahl werden die obigen Fragen an die Kinder wiederholt.

L. Wiederholet mir, wie euer Arm während der ganzen Umschwenkung gerichtet war, und schwenkt ihn dabei aufs Neue herum.

Kr. (indem sie den Arm zuerst vorwärts ausgestreckt halten, und dann nach und nach rechts herumschwenken)

Vorwärts.
Mehr vorwärts als rechts.
So viel rechts als vorwärts.
Mehr rechts als vorwärts.
Rechts.
Mehr rechts als rückwärts.
So viel rückwärts als rechts.
Mehr rückwärts als rechts.
Rückwärts.
Mehr rückwärts als links.
So viel links als rückwärts.
Mehr links als rückwärts.
Links.
Mehr links als vorwärts.
So viel vorwärts als links.
Mehr vorwärts als links.
Vorwärts.

L. Wiederholet jetzt blos die Haupt- und Zwischenrichtungen, indem ihr euch nach der entgegengesetzten Seite herumdreht.

Kr. t. u. spr:

Vorwärts.
Links vorwärs.
Links
Links rückwärts.
Rückwärts.
Rechts rückwärts.
Rechts.
Rechts vorwärts.
Vorwärts.

L. Fanget bei der Richtung rückwärts an und geht von da zur Richtung rechts über u. s. w. bis zur Fertigkeit.

— Stellet euch jetzt den Weg vor, auf welchem sich euer Arm während der Umschwenkung bewegt hat. R. —

— Ist der Raum, der von eurem Arm während der Umschwenkung durchlaufen wurde, eine Fläche? Warum nicht?

— Wenn ihr aber die Dicke eures Arms gar nicht in Betrachtung zieht, — oder wenn ihr euch vorstellt euer Arm wäre blos eine gerade Linie, würde dann der Weg desselben eine Fläche sein?

— Würde dieses eine ebene oder eine krumme Fläche sein? (Vergleiche Abschn. I. N. 3.)

L. Eine ebene Fläche nennt man auch ganz kurz eine Ebene.

— Stellet euch diese Ebene sehr weit, über alle Grenzen hinaus ausgedehnt vor. Wie könnte man eine solche Ebene wohl nennen?

Kr. Man könnte diese Ebene eine wagrechte Ebene nennen. (Vergleiche N. 2.)

L. Nach welchen Richtungen kann man in dieser wagrechten Ebene Bewegungen machen, ohne sie zu verlassen? — nach welchen Hauptrichtungen?

Kr. In der wagrechten Ebene kann man Bewegungen machen nach der Hauptrichtung vorwärts,
desgleichen nach der Hauptrichtung rückwärts
„ „ „ „ rechts
„ „ „ „ links

L. Nach welchen Zwischenrichtungen kann man in dieser wagrechten Ebene Bewegungen machen, ohne sie zu verlassen?

Kr. (wie vorhin.)
nach der Zwischenrichtung rechts vorwärts.
„ „ „ links vorwärts.
„ „ „ links rückwärts.
„ „ „ rechts rückwärts.

Sollten die Kinder hierbei Schwierigkeiten finden, so kann der Lehrer sie darauf aufmerksam machen, daß der Fußboden, der Tisch, die Decke, die Oberfläche eines Sees, Theile einer solchen Ebene sind.

5.

Bewegung zur Erzeugung der senkrechten seitwärts gehenden Hauptebene.

L. Haltet den rechten Arm gerade aufwärts gestreckt.

— Schwenkt den ausgestreckten Arm etwas nach der rechten Seite zu. — Nun haltet inne!

— Wie ist jetzt euer Arm gerichtet?

Kr. Der Arm ist rechts aufwärts gerichtet.

Die Fragen und Uebungen können ganz so wie vorhin angestellt werden. Die Kinder müssen den Arm immer weiter abwärts bewegen. Ist der rechte Arm gerade abwärts gerichtet, so können sie nun den linken Arm wieder aufwärts bewegen, bis derselbe gerade aufwärts gerichtet ist.

Die Richtungen, in welche der Arm während der ganzen Umschwenkung kommt, sind folgende:

Aufwärts,
Mehr aufwärts als rechts,
So viel rechts als aufwärts,
Mehr rechts als aufwärts.

Rechts,
Mehr rechts als abwärts,
So viel abwärts als rechts,
Mehr abwärts als rechts.

Abwärts,
Mehr abwärts als links,
So viel links als abwärts,
Mehr links als abwärts.

Links,
Mehr links als aufwärts,
So viel aufwärts als links,
Mehr aufwärts als links.

Aufwärts.

Die Ebene, welche entsteht, kann man die senkrechte seitwärts gehende Ebene nennen. In derselben kann man, ohne sie zu verlassen, Bewegungen machen nach den Hauptrichtungen:

aufwärts,
abwärts,
rechts,
links.

In eben dieser Ebene kann man, ohne sie zu verlassen, Bewegungen machen nach den Zwischenrichtungen:

rechts aufwärts,
links aufwärts,
rechts abwärts,
links abwärts.

Die Oberfläche einer gerade vorstehenden Wand, die Oberfläche der Schultafel, wenn sie senkrecht ist, und gerade vor uns steht, ist eine solche senkrechte seitwärts gehende Ebene.

Der Lehrer streckt seinen Arm (einen Stock, einen ausgespannten Faden) nach einer der Richtungen der wagrechten oder der senkrechten seitwärts gehenden Ebene aus; die Kinder müssen die Ebene angeben, in welcher sich der ausgestreckte Arm befindet. Nachdem die Kinder hierin die gehörige Fertigkeit erlangt haben, streckt er den Arm rechts aus, und frägt, in welcher Ebene sich der Arm befinde? Einige werden antworten in der wagrechten, andre in der senkrechten seitwärts gehenden. Sie werden leicht finden, daß beide Theile Recht haben, indem sich die beiden Ebenen in der Richtung rechts durchschneiden. Die Frage, in welcher andern Richtung sich die beiden Ebenen sonst noch durchschneiden, und was für eine Lage diese beiden Richtungen gegen einander haben, wird eben so leicht von ihnen beantwortet werden. Der Durchschnitt beider Ebenen ist eine gerade Linie, und zwar, da man sich beide Ebenen über alle Grenzen hinaus erweitert vorstellen soll, eine unbegrenzte gerade Linie. Eine solche wird künftig schlechthin eine Linie genannt werden. Eine Linie ist demnach ganz ohne Ende, wenigstens soll man dabei an kein Ende denken.

6.

Bewegung zur Erzeugung der senkrechten vorwärts gehenden Hauptebene.

Der Lehrer läßt die Kinder aufsuchen, welche Hauptebene nun noch fehle, und durch welche Bewegung sie erzeugt werden müsse. Wir nennen sie die senkrechte vorwärts gehende Ebene. Um sie zu beschreiben, muß der Arm nach und nach in folgende Richtungen gebracht werden:

Aufwärts,
Mehr aufwärts als vorwärts,
So viel vorwärts als aufwärts,
Mehr vorwärts als aufwärts.

Vorwärts,
Mehr vorwärts als abwärts,
So viel abwärts als vorwärts,
Mehr abwärts als vorwärts.

Abwärts,
Mehr abwärts als rückwärts,
So viel rückwärts als abwärts,
Mehr rückwärts als abwärts.

Rückwärts,
Mehr rückwärts als aufwärts,

So viel aufwärts als rückwärts,
Mehr aufwärts als rückwärts.

Aufwärts.

In dieser Ebene kann man Bewegungen machen nach den Hauptrichtungen: aufwärts,
vorwärts,
abwärts,
rückwärts,

und nach den Zwischenrichtungen:
vorwärts aufwärts,
vorwärts abwärts,
rückwärts abwärts,
rückwärts aufwärts.

Die Fragen und Uebungen können eben so, wie bei 4 und 5 angestellt werden.

Der Lehrer muß den Kindern erlauben, wenn sie in der Schwenkung des Arms bis zur Richtung abwärts gekommen sind, sich halb rechts herum zu drehen, damit sie die Bewegung des Arms in dieser Ebene fortsetzen können.

Hier folgen wieder Fragen und Uebungen über die Verbindung und die Lage der 3 Haupt-Ebenen.

Was für eine Ebene ist der Fußboden dieses Zimmers, wenn man sich dieselbe über alle Grenzen erweitert denkt?

Nenne Du mir mehrere wagrechte Ebenen!

Was für eine Ebene ist die Oberfläche dieser Wand?

Wenn ich mich aber so oder so dagegen stelle?

In welcher Ebene halte ich jetzt meinen Arm, diesen Stock? u. s. w.

Der Lehrer hält den Arm senkrecht aufwärts.

In welcher Ebene befindet sich jetzt mein Arm?

Kr. Der Arm befindet sich in der senkrecht seitwärts, und in der senkrecht vorwärts gehenden Ebene.

L. Wie kann sich der Arm in diesen beiden Ebenen zugleich befinden.

Kr. Die beiden Ebenen durchschneiden sich in der Richtung aufwärts.

L. In welcher andern Richtung durchschneiden sie sich sonst noch.

Kr. Nach der Richtung abwärts.

L. Was für eine Lage haben die beiden Richtungen aufwärts und abwärts gegen einander?

Kr. Die beiden rc haben eine entgegengesetzte Lage, bilden also eine gerade Linie.

Eben so kann der Lehrer die Kinder aufsuchen lassen, in welchen Richtungen sich die senkrechte vorwärts gehende, und die wagrechte Ebene durchschneiden.

Der Lehrer könnte sich nun 3 Pappscheiben so zusammensetzen, daß sie die 3 Haupt-Ebenen vorstellen konnen. Auch wird es in den nächsten Umgebungen der Kinder nicht an Gegenständen fehlen, woran sie die Haupt-Ebenen wieder finden. In einem gut viereckigen Zimmer können zwei an einander stoßende Wände und der Fußboden oder die Decke dazu dienen, — die Wände einer

Schublade, wenn es lauter Rechtecke sind, jede Ecksäule, deren Seitenwände Rechtecke sind, u. s. w.

Ich würde indeß rathen sich dieser Versinnlichungsmittel nicht eher zu bedienen, bis die Kinder die innere Anschauung ins Klare gebracht haben. Es kann nämlich keine äußere Construction dieser Art ganz auf einmahl übersehen werden, und eben darum kann sie kein vollständiges Bild hervorbringen.

Daß sich diese 3 Haupt-Ebenen gerade in den 6 Hauptrichtungen durchschneiden, werden die Kinder leicht heraus finden. Mehr als diese 3 Haupt-Ebenen von den Kindern construiren zu lassen scheint für jetzt nicht zweckmäßig und kann billig bis zur körperlichen Raumlehre verschoben werden.

7.

Bewegung nach den Aussenrichtungen.

L Zeiget mir einen Punct, wo eure Bewegung anfangen soll.

Von diesem Puncte aus machet eine Bewegung gerade rechts.

Von dem Endpuncte derselben machet eine Bewegung gerade vorwärts.

Von dem Endpuncte der vorwärts gehenden Bewegung machet eine Bewegung gerade aufwärts.

Jetzt machet eine Bewegung von dem zuerst bezeichneten Puncte bis an den Endpunct der aufwärts gerichteten Bewegung.

Nach welcher Richtung geht diese Bewegung?

Kr. Die Bewegung geht rechts-vorwärts-aufwärts.

L. Liegt diese Richtung in einer der 3 Haupt-Ebenen?

Sie liegt also ausserhalb derselben, und wir wollen sie deshalb eine Aussenrichtung nennen.

Der Lehrer kann die übrigen Aussenrichtungen nun entweder von den Kindern selbst aufsuchen lassen, oder er kann sie auf die gezeigte Art zuerst noch auf mehrere hinführen. Auf jeden Fall werden sie die abwärts gehenden selbst aufsuchen können, wenn er vorher die aufwärts gehenden durchgegangen hat. —

Verzeichniß der Aussenrichtungen:

rechts vorwärts aufwärts,
links vorwärts aufwärts,
rechts rückwärts aufwärts,
links rückwärts aufwärts,
rechts vorwärts abwärts,
links vorwärts abwärts,
rechts rückwärts abwärts,
links rückwärts abwärts.

L. Eine Bewegung nach einer Aussenrichtung nennt man gleichfalls eine schräge Bewegung.

L. Nenne Du mir jetzt die Aussenrichtungen einer aufwärts gerichteten Bewegung, und zeige sie.

K. — rechts vorwärts aufwärts — So!

— — links vorwärts aufwärts — ,

— — rechts rückwärts aufwärts — ,

— — links rückwärts aufwärts — ,

L. Wiederhalet dieses alle gemeinschaftlich!

— Nenne Du mir jetzt alle Aussenrichtungen einer rechts gerichteten Bewegung, und zeige sie.

K — rechts vorwärts aufwärts — So!

— — rechts rückwärts aufwärts — ,

— — rechts vorwärts abwärts — ,

— — rechts rückwärts abwärts — ,

Eben so mit den Aussenrichtungen der übrigen Hauptrichtungen.

L. Seht jetzt, nach wie vielen Aussenrichtungen man Bewegungen machen kann, und zeiget sie.

Der Lehrer verfährt hier ganz so wie bei den Zwischenrichtungen. — Entgegengesetzt sind:

rechts vorwärts aufwärts — links rückwärts abwärts,
rechts rückwärts aufwärts — links vorwärts abwärts,
links vorwärts aufwärts — rechts rückwärts abwärts,
links rückwärts aufwärts — rechts vorwärts abwärts.

Nicht alle Bewegungen nach gleich benannten Zwischenrichtungen sind gleich gerichtet. — Eine rechts vorwärts aufwärts gerichtete Bewegung kann mehr rechts, als vorwärts und aufwärts, oder mehr vorwärts, als rechts und aufwärts u. s. w. sein.

L. Könnt ihr jetzt noch irgend eine Bewegung machen, deren Richtung ihr nicht angeben könntet?

Der Lehrer lasse sichs angelegen sein, den Kindern fühlbar zu machen, daß sie bis hieher etwas in seiner Art vollständiges gelernt haben.

8.

Anwendung auf das Zeichnen der Striche.

L. Legt jetzt eure Tafeln vor euch auf den Tisch.

— In welcher von den 3 Hauptebenen liegt jetzt eure Tafel?

— Nach welchen Haupt- und Zwischenrichtungen könnt ihr also mit dem Finger Bewegungen auf derselben machen?

— Stellt jetzt eure Tafel in die senkrechte seitwärts gehende Hauptebene, und seht, nach welchen Haupt- und Zwischenrichtungen ihr nun Bewegungen auf derselben machen könnt.

— Wenn ihr künftig auf eurer Tafel etwas zeichnet, so müßt ihr euch immer vorstellen, daß sie sich in dieser Stellung befände. (Die Schultafel an der Wand befindet sich wirklich darin.)

L. Könnt ihr auf eurer Tafel eine Stelle bezeichnen, so daß diese Stelle nachher noch als bezeichnet sichtbar bleibt?

— Bezeichnet irgend eine Stelle. (Die Kinder thun dies mit dem Griffel.)

— Wie nennt man ein solches Zeichen?

— Was habt ihr vorher von der Ausdehnung eines Punctes gehabt? — wie viele Ausdehnungen hat ein Punct?

Kr. Keine.

L. Hat das Zeichen, was ihr auf eurer Tafel gemacht habt, auch keine Länge, Breite und Dicke?

— Warum muß es einige haben?

Kr. Weil man es sonst nicht sehen könnte.

L. Ist es also ein wirklicher Punct?
Warum nicht?

— Es ist allerdings nur das Zeichen eines Puncts.

L. (spricht vor.) Ein wirklicher Punct hat keine Länge, Breite oder Dicke. Das Zeichen eines Punctes hat so viel Länge, Breite und Dicke, als nöthig ist, um dem Auge sichtbar zu werden.
R. — W. — Kr. w.

— Merkt euch indeß, daß man auch das Zeichen eines Punctes der Kürze wegen gewöhnlich einen Punct nennt; man muß dabei an die Länge, Breite und Dicke desselben gar nicht denken, sondern sich blos eine bestimmte Stelle vorstellen.

— Könnt ihr auf eurer Tafel auch eine Bewegung machen, so daß eine Spur derselben zurückbleibt?

L. Macht eine solche Bewegung! Ihr habt nun also eine Bewegung bezeichnet.

— Wie nennt man das Zeichen einer Bewegung? — eine Linie.

— Wie viel Ausdehnungen hat eine Linie? — Eine, nämlich Länge.

— Welche fehlen ihr also? — Breite und Dicke?

— Hat auch das Zeichen der Bewegung auf eurer Tafel nur eine Ausdehnung?

— Ist es also eine wirkliche Linie? — Was ist es denn?

Kr. Das Zeichen einer Linie.

L. Das Zeichen einer Linie nennt man einen Strich.

— Eine wirkliche Linie hat keine Breite und Dicke; das Zeichen der Linie, der Strich, hat so viel Breite und Dicke, als nöthig ist, um dem Auge sichtbar zu sein. R. — W. — Kr. w,

— In sofern der Strich das Zeichen einer Linie sein soll, muß man dabei an die Breite und Dicke desselben gar nicht denken, sondern sich blos eine Länge dabei vorstellen.

— Wodurch entstand nach dem Vorhergehenden eine Linie?

Kr. Durch die Bewegung eines Puncts.

L. Daraus werdet ihr leicht schließen können, wodurch das Zeichen einer Linie, nämlich ein Strich, entsteht?

Kr. Durch die Bewegung des Zeichens eines Puncts.

L. Wenn ihr mit dem Griffel einen Strich auf die Tafel macht, was bewegt sich da eigentlich so, daß der Strich entsteht?

Kr. Der Griffel bewegt 2c.

L. Welcher Theil des Griffels läßt den Strich als Spur zurück?

Kr. Die Spitze des 2c.

L. Diese Spitze des Griffels ist also das Zeichen des Puncts, durch dessen Fortbewegung der Strich entsteht.

— Auf dem Papiere ist welches der Punct, durch dessen Bewegung der Strich entsteht?

Kr. Die Spitze der Feder, des Bleistifts 2c.

9.

Gerade und krumme Striche.

L. Ihr habt bis jetzt nur solche Bewegungen gemacht, die überall nach Einer Richtung gehen. Könnt ihr auch Bewegungen machen, die nicht immer nach derselben Richtung gehen?

— Macht eine solche Bewegung. — K. t.

— Wie oft hat die Bewegung, welche Du machtest ihre Richtung verändert?

— Könnt ihr auch eine Bewegung machen, die überall ihre Richtung verändert? — Macht eine solche Bewegung.

(Der Lehrer macht sie gleichfalls, indem er mit der Hand einen Bogen beschreibt.)

L. Macht nun mit dem Griffel auf der Tafel eine Bewegung, die immer nach derselben Richtung geht.

— Macht ꝛc. — die ihre Richtung einigemal verändert.

— Macht ꝛc. — die ihre Richtung überall verändert.

Der Lehrer zeichnet die Striche (Fig. 1.) an die Schultafel.

L. Diesen Strich nennt man einen geraden. (Der Lehrer zeigt auf den Strich a, künftig „z·a"); den einen gebrochenen (z·b); den einen krummen (z·c).

— Ein gebrochner Strich besteht aus mehrern geraden Strichen.

— Ein krummer Strich ist nirgends gerade.

Der Lehrer macht die Kinder darauf aufmerksam, daß eine Linie nur in sofern gebrochen sein könne, in sofern die geraden, aus denen sie besteht, als endlich oder begrenzt gedacht werden.

Der Lehrer läßt sich von den Kindern die geraden und krummen Linien oder Striche angeben, welche im Zimmer vorhanden sind. Er zeichnet darauf gerade und krumme Linien in die Luft; die Kinder müssen sie benennen.

Dann müssen die Kinder gerade oder krumme Linien auf das Geheiß des Lehrers in die Luft zeichnen.

10.

Bezeichnung der Striche in Beziehung auf den Stand des Körpers.

L. Wiederholet mir jetzt, was ihr von einer Bewegung wißt. Was hat eine Bewegung? — (Vergl. 1)

Kr. Eine Bewegung hat einen Anfang,
eine Dauer (Bewegungszeit),
ein Ende,
einen Anfangsort,
eine Länge (Bewegungsraum),
einen Endort,
eine Richtung.

L. Macht auf eurer Tafel eine Bewegung, welche eine Spur zurückläßt. Was ist dadurch auf eurer Tafel entstanden?

— Könnt ihr an diesem Striche noch alles das wahrnehmen, was die Bewegung hat, aus der er entstanden ist?

— Was könnt ihr jetzt noch daran sehen?

Kr. Wir ꝛc. — den Anfangsort,
die Länge,
den Endort,
die Richtung.

L. Wenn ihr aber die Bewegung nicht selbst gemacht hättet, und sähet jetzt blos den Strich, würdet ihr dann auch wissen, wo die Bewegung, durch welche er entstanden ist, angefangen, und wo sie aufgehört hätte?

L. Was könntet ihr also dann nicht von einander unterscheiden?

Kr. Wir könnten den Anfangsort nicht von dem Endort unterscheiden

L. Man sagt daher von einem Striche, er habe 2 Enden, oder Endpuncte.

— Würdet ihr aber die Länge, und die Richtung der Bewegung noch unterscheiden können?

— Zwischen welchen 2 Richtungen würdet ihr aber zweifelhaft bleiben?

Kr. Zwischen 2 entgegengesetzten. (Ob die Bewegung, durch welche der Strich (F. 2. c.) entstanden ist, rechts aufwärts, oder links abwärts gerichtet war, läßt sich nicht unterscheiden)

(Der Lehrer zeichnet, ohne daß die Kinder sehen, wo er anfängt, den Strich (F. 2. a.) an die Schultafel.)

L. Wie ist dieser Strich gerichtet?

Kr. Dieser Strich ist gerade aufwärts (abwärts) gerichtet.

L. Könnte man nicht sagen, daß der Strich noch anders gerichtet sei?

Kr. Man kann auch sagen, der Strich sei gerade abwärts (aufwärts) gerichtet.

L. Welches ist nun richtiger?

Kr. Es ist eins so richtig, als das andere.

L. Wie soll man nun aber diesen Strich nennen?

Kr. Man könnte ihn einen senkrechten Strich nennen. (Vergl. Abschn. 2. No. 2.)

L. Richtig! — Er hat seinen Namen davon, weil ein schwerer Körper (der etwa an einem Faden hängt) sich in dieser Richtung zur Erde senkt.

Der Lehrer zeichnet eben so den Strich (Fig. 2. b), und thut dieselben Fragen an die Kinder. Er sagt ihnen hierauf, daß man diesen Strich einen wagrechten nenne, weil sich ein Wagebalken in dieser Richtung befinde, sobald die Gewichte in den Schaalen gleich groß sind.

Die Striche Fig. 2. c, d nennt man schräg, ohne die Sprache näher bestimmte, ob sie rechts aufwärts (links abwärts), wie Fig. 2. c, oder links aufwärts (rechts abwärts) gerichtet seien, wie Fig. 2. d.

Der Lehrer läßt die Kinder nun die senkrechten, wagrechten und schrägen Linien und Striche aufsuchen, die sich an den Gegenständen befinden, die im Lehrzimmer vorhanden sind.

Wagrecht sind die Linien, welche die Decke begrenzen.

Wagrecht sind die Linien, welche den Fußboden begrenzen.

Wagrecht sind die Linien, welche die großen Flächen der Tische begrenzen.

Wagrecht sind die Linien, welche die Fensterscheiben oben und unten begrenzen.

Wagrecht sind die Linien, welche die Tafel oben und unten begrenzen.

Senkrecht sind die Linien, welche die Fensterscheiben rechts und links begrenzen.

Senkrecht sind die Linien, welche die Wände des Zimmers von oben nach unten begrenzen ꝛc.

Schräge sind die Linien, an den Schemmelfüßen ꝛc.

Was für eine Lage hat dieser Stock, dieser Faden, mein Arm?

Haltet euren rechten Arm senkrecht, wagrecht, schräge!

Was für eine Lage hat die Linie, welche ich hier in die Luft zeichne?

Zeichnet eine senkrechte, wagrechte, schräge Linie in die Luft.

11.

Unendliche Linien.

L. Könnt ihr das Zeichen einer Linie — einen Strich — machen, welches gar kein Ende, oder nur Ein Ende hat? —

Kr. Nein.

L. Könnt ihr euch aber eine solche Linie vorstellen?

— Wie könnte man eine solche Linie nennen?

Kr. Eine Linie ohne Ende, oder eine unendliche Linie.

L. Hat sie Keinen Endpunct so ist sie nach beiden Seiten unendlich; hat sie Einen Endpunct so ist sie nur nach Einer Seite unendlich.

— Hat eine unendliche Linie eine bestimmte Länge?

— Hat sie aber eine bestimmte Richtung?

— Worin können also mehrere unendliche Linien allein von einander verschieden sein?

Kr. In ihrer Richtung.

L. Wir wollen künftig unter dem Worte Linien jedesmahl unendliche Linien verstehn. — Für die nach Einer, oder nach beiden Seiten begrenzten Linien werdet ihr in der Folge neue Wörter kennen lernen.

— Wenn man sich bei einem Striche die Breite und Dicke gänzlich wegdenkt, ist er darum schon eine Linie (in dem obigen Sinne)? — Was muß noch hinzukommen?

— Haben diese kurzen Striche aber schon dieselbe Richtung als die verlängerten, oder als die durch Verlängerung derselben entstandenen unendlichen Linien?

— Die Richtung einer Linie wird also dadurch, daß man sie verlängert, oder verkürzt, gar nicht geändert.

Ebene raumliche
Verbindungslehre.

Ebene räumliche Verbindungslehre.

Erster Abschnitt.

Das Verbinden gerader Linien in Beziehung auf die Zahl und Lage der dadurch entstehenden Durchschnittspuncte und Winkel.

1.

Gleichlaufende, ungleichlaufende gerade Linien.

(Jedes Kind hat Schiefertafel und Griffel vor sich.)

L. Zeichnet mehrere gerade Striche, welche gleiche Richtung haben. Kr. t. (Der Lehrer zeichnet sie gleichfalls.)

— Man nennt solche Striche gleichlaufende oder Nebenstriche (Parallelstriche).

— Zeichnet mehrere gerade Striche, welche ungleiche Richtung haben. — Kr. t. (Der Lehrer zeichnet sie auch.)

L. Man nennt solche Striche ungeichlaufende Striche.

Der Lehrer kann nun die gleichlaufenden und die ungleichlaufenden Striche welche im Schulzimmer, an den Fenstern, Wänden u. s. w. vorhanden sind, aufsuchen lassen, ihnen gleichlaufende und ungleichlaufende Striche vorzeichnen u. dergl., bis die hinlängliche Fertigkeit in Unterscheidung derselben bei den Kindern da ist.

Eben so wie hier mit Strichen, muß nun auch alles mit Linien durchgenommen werden.

L. Ziehet in Gedanken zwei gerade Linien, welche gleiche Richtung haben R.

— Linien, welche gleiche Richtung haben, nennt man gleichlaufende Linien oder Nebenlinien. (Parallelen.) R.-W.-Kr.w.

— Denkt euch zwei gerade Linien, welche ungleiche Richtung haben — R. —

— Linien, welche ungleiche Richtung haben, heißen ungleichlaufende Linien. R. — W. — Kr. w.

— Nehmt jetzt wieder eure Tafel zur Hand, und seht wie viel Striche ihr wenigstens zeichnen müßt, um gleichlaufende Striche zu haben. Kr. t. —

Kr. Wenn wir gleichlaufende Striche haben wollen, müssen wir wenigstens zwei Striche zeichnen.

L. Könnt ihr auch mehr als zwei gleichlaufende Striche zeichnen? R. — W.

Kr. Ja, man kann mehr als zwei gleichlaufende Striche zeichnen.

L. Zeichnet 3 gleichlaufende Striche. Kr. t. — Zeichnet 4, 5 gleichlaufende Striche.

— Wie viel gleichlaufende Striche kann man höchstens zeichnen? R. — W. —

Kr. Man kann so viel gleichlaufende Striche zeichnen als man will.

Eben so wird nun bei den ungleichlaufenden Strichen verfahren.

L. Wenn ihr euch vorstellt zwei gleichlaufende Striche würden unendlich verlängert, oder würden Linien, würden sie sich da jemals durchschneiden? R. — W. — Kr. a.

— Gleichlaufende Linien (Nebenlinien, Parallelen) durchschneiden sich nirgends.

(Der Satz ist durch die Anschauung vollkommen klar, und das genügt hier. Wollte man ihn aber beweisen, so dürfte man nur zeigen, daß zwei gerade Linien, welche sich durchschneiden, von dem Durchschnittspuncte aus nach verschiedenen Richtungen gehen müssen, folglich nicht gleichlaufend sein können.)

2.

Mögliche Zahl der gleichlaufenden und ungleichlaufenden Linien.

L. Wie viele Linien werden wenigstens erfordert, um beides, gleichlaufende und ungleichlaufende Linien zu haben?

Kr. Drei Linien werden wenigstens erfordert, um gleichlaufende und ungleichlaufende zu haben.

L. Zeichnet jeder zwei gleichlaufende gerade Striche, und noch einen, der mit den beiden vorigen ungleichlaufend ist. — Kr. t.

— Können auch mehr als 3 gerade Linien theils gleichlaufend, theils ungleichlaufend sein? — Wie viele?

Kr. — 3, 4, 5, 6, kurz jede Anzahl über 3.

L. Macht zuerst 3 Striche, welche theils gleichlaufend, theils ungleichlaufend sind; hernach 4 auf einer andern Stelle; dann 5, 6, 7, so weit ihr kommt. K. t. — Jetzt hört auf! — Wie viele hast du? du? du?

— Wenn 3 gerade Linien theils gleichlaufend, theils ungleichlaufend sind, wie viele sind dann gleichlaufend, wie viele ungleichlaufend?

Kr. Wenn ꝛc. — so sind 2 gleichlaufend und Eine ungleichlaufend.

L. Wenn 4 gerade Linien gleich- und ungleichlaufend sind, wie viele sind dann gleichlaufend, wie viele ungleichlaufend? — Zeichnet dieses mit Strichen auf eure Tafel. — Kann es nicht auch noch anders sein? Welche Fälle finden hier also überhaupt statt? R. — N.

K. Bei 4 g. Lin. sind entweder 3 gleichlaufende und 1 ungleichl. F. 3.
oder 2 gleichlaufend und 2 ungleichl. F. 4.
oder 2 gleichl. und wieder 2 gleichl. aber mit den vorigen ungleichl. F. 5.

L. Diese letztern nennt man auch gleichlaufende nach 2 Richtungen, oder in 2 Abtheilungen.

Der Lehrer zeichnet diese einzelnen Fälle jedesmal an die Schultafel. Die Kinder müssen sie gleichfalls zeichnen, und der Lehrer hat darauf zu sehen, daß sie die Striche so genau und so fein als möglich machen.

L. Sucht jetzt selbst auf, welche und wie viele Fälle bei 5 geraden Linien statt finden können, welche theils gleichlaufend, theils ungleichlaufend sind.

Die Kinder zeichnen auf ihre Tafel so viele Fälle hin, als sie auffinden können; der Lehrer läßt sie einzeln angeben, führt sie auf die fehlenden hin, ergänzt und ordnet sie.

Von 5 gleich- und ungleichlaufenden Linien sind:

1)	entweder	4	gleichlaufend	und	1	ungleichlaufend,
2)	oder	3	—	—	2	—
3)	—	2	—	—	3	—
4)	—	3 u. 2	—	—	0	—
5)	—	2 u. 2	—	—	1	—

Der 4te Fall ist zu lesen: 3 gleichlaufend und 2 nach einer andern Richtung unter sich gleichlaufend.

Der 5te: 2 gleichlaufend und 2 nach einer andern Richtung unter sich gleichlaufend, und 1 ungleichlaufend.

Eben so im folgenden.

Von 6 gleich= und ungleichlaufenden Linien sind:

1)	entweder	5	gleichlaufend	und	1	ungleichlaufend,
2)	oder	4	—	—	2	—
3)	—	3	—	—	3	—
4)	—	2	—	—	4	—
5)	—	4 u. 2	—	—	0	—
6)	—	3 u. 3	—	—	0	—
7)	—	3 u. 2	—	—	1	—
8)	—	2 u. 2	—	—	2	—
9)	—	2 u. 2 u. 2	—	—	0	—

Von 7 gleich= und ungleichlaufenden Linien sind:

1)	entweder	6	gleichlaufend	und	1	ungleichlaufend,
2)	—	5	—	—	2	—
3)	—	4	—	—	3	—
4)	—	3	—	—	4	—
5)	—	2	—	—	5	—
6)	—	5 u. 2	—	—	0	—
7)	—	4 u. 3	—	—	0	—
8)	—	4 u. 2	—	—	1	—

9) entw. 3 u. 3 gleichlautend und 1 ungleichl.
10) — 3 u. 2 — — 2 —
11) — 2 u. 2 — — 3 —

12) — 3 u. 2 u. 2 — — — —
13) — 2 u. 2 u. 2 — — 1 —

Der Lehrer kann hier zu einer so hohen Zahl von Linien gehen, als er für nöthig achtet. Die Anzahl der Fälle nimmt für jede folgende Zahl von Linien sehr schnell zu. Für 8 Linien giebt es schon 20, für 9 Linien 28, für 10 Linien 40 Fälle. Die Anzahl der Fälle stimmt mit der Anzahl der Gestücke überein, in welche sich jede gleichnamige Zahl zerlegen läßt, und ist immer um 1 geringer, weil nach der Voraussetzung der Aufgabe 2 Linien nothwendig gleichlaufend bleiben müssen, und also der Fall nicht statt findet, welcher der Auflösung einer Zahl in lauter Einheiten entsprechen würde. (Vergleiche Bartoldy's Zahlenlehre, Erstes Hauptstück, dritter Abschnitt).

Der Lehrer muß besonders die ersten und einfachsten Fälle sehr genau mit den Kindern durchgehen. Er frägt demnach z. B. bei 3 Linien (F. 6):

Mit wie vielen Linien ist diese (z-a) gleichlaufend, mit wie vielen ist sie ungleichlaufend?

Kr. Diese Linie ist mit Einer gleichlaufend, und mit Einer ungleichlaufend.

Eben so mit b und mit c.

L. Mit wie vielen Linien ist jede von diesen 3 gleichlaufend, mit wie vielen ist sie ungleichlaufend?

Kr. Von 2 Linien ist jede mit Einer gleichlaufend, und mit Einer ungleichlaufend; die dritte ist mit keiner gleichlaufend, und mit 2 ungleichlaufend.

L. Wenn von 4 geraden Linien 3 gleichlaufend sind, und Eine ungleichlaufend ist, mit wie vielen ist dann jede gleichlaufend, mit wie vielen ist sie ungleichlaufend?

Kr. Von 3 Linien ist jede mit 2 gleichlaufend, und mit Einer ungleichlaufend; die 4te ist mit keiner gleichlaufend und mit 3 ungleichlaufend.

Eben so bei zusammengesetztern Fällen; z. B.

L. Wenn von 8 geraden Linien 6 gleichlaufend und 2 ungleichlaufend sind; mit wie vielen ist dann jede gleichlaufend, mit wie vielen ist sie ungleichlaufend?

Kr. Von 6 ist jede mit 5 gleichlaufend, und mit 2 ungleichlaufend; von den beiden übrigen ist jede mit keiner gleichlaufend, und mit 7 ungleichlaufend.

Die Kinder sind geneigt, jede Zeichnung für einen neuen Fall zu halten, in welchem die Striche anders gestellt oder geordnet sind. Man sagt ihnen, daß es hier blos auf die Zahl der gleichlaufenden und ungleichlaufenden Linien ankomme. — Sollten sie darauf verfallen, 2 Striche so: (——— ———) zu zeichnen, so sagt man ihnen, daß beide Striche zu Einer Linie gehören, so wie es ihnen überhaupt öfter zu wiederholen ist, daß die Striche, welche sie zeichnen, auch abgesehen von Breite und Dicke, blos Theile der unendlichen Linien sind, die sich gar nicht zeichnen lassen.

Uebrigens kann es hier dem Lehrer nicht an Gelegenheit zu Uebungen aller Art fehlen; z. B.

L. Nach wie vielen Richtungen können 5 Linien höchstens gleichlaufend sein?

Kr. Nach 2 Richtungen.

L. Wie viele sind dann in jeder Richtung?

Kr. In Einer Richtung 2, in der andern 3; oder in der Einen 2, in der andern auch 2, dann ist aber noch Eine ungleichlaufend.

L. Wie viele Linien sind wenigstens erforderlich, um gleichlaufende Linien nach 4 Richtungen zu haben?

Kr. Wenigstens 8 — u. dgl. m.

3.

Verbindung ungleichlaufender Linien in Beziehung auf die größte Zahl der Durchschnittspuncte.

L. Bis jetzt haben wir blos auf die Anzahl der gleichlaufenden und ungleichlaufenden Linien gesehen; jetzt aber wollen wir auf ihre Vereinigung unser Augenmerk richten.

L. Zeichnet 2 gerade Striche, die zusammenkommen (aber doch noch 2 Linien bleiben, also nicht so:

———— sondern etwa ————)

— Könnt ihr euch auch in Einer Ebene 2 unendliche Linien vorstellen, die zusammenkommen?

— Könnt ihr euch auch 2 solche Linien vorstellen, welche nicht zusammenkommen?

— Wie heißen die letztern?

Kr. Gleichlaufende Linien, oder Nebenlinien.

L. Wie heißen die erstern?

Kr Ungleichlaufende Linien.

L. Zeichne jeder von euch 2 gerade ungleichlaufende Striche, welche sich vereinigen, oder durchschneiden. Den Ort der Vereinigung nennt man den Vereinigungspunct, oder den Durchschnittspunct.

— Zeichnet 2 gerade Striche, welche sich durchschneiden. In wie vielen Puncten durchschneiden sie sich?

— In wie vielen Puncten können sich 2 gerade Linien höchstens durchschneiden?

„Zwei gerade Linien können sich nur in Einem Puncte durchschneiden.“
R. W. — K w.

— Wie sind sie alsdann gerichtet?

L. Zeichnet 3 gerade Striche, und seht, in wie vielen Puncten sie sich durchschneiden können. R. N.

K. 3 gerade Striche können sich in 1, 2, 3 Puncten durchschneiden.

L. Wie sind sie gerichtet, wenn sie sich gar nicht durchschneiden?

Kr. Wenn sich 3 gerade Striche gar nicht durchschneiden, so sind sie entweder gleich- oder ungleich gerichtet.

L. Wie sind aber 3 gerade Linien gerichtet, wenn sie in Einer Ebene liegen, und sich gar nicht durchschneiden?

Kr. Wenn sich 3 gerade Linien, die in einer Ebene liegen, gar nicht durchschneiden, so sind sie gleich gerichtet, oder sie sind Nebenlinien.

L. Wie sind 3 gerade Linien gerichtet, wenn sie sich in Einem Puncte durchschneiden?

Kr. Wenn .... so sind alle 3 ungleichlaufend.

L. Wie sind 3 gerade Linien gerichtet, wenn sie sich in 2 Puncten durchschneiden?

Kr. .... 2 gleichlaufend und Eine ungleichlaufend.

L. Wie sind 3 gerade Linien gerichtet, wenn sie sich in 3 Puncten durchschneiden?

Kr. ..... alle 3 ungleichlaufend.

L. Können sich 3 gerade Linien nicht auch in 4 oder mehr Puncten durchschneiden? Warum nicht?

Auflösung. Zwei gerade Linien können sich

nur in Einem Puncte vereinigen. Kommt nun die dritte Linie hinzu, so kann sie jede von den beiden nicht öfter als einmal durchschneiden. Drei gerade Linien können also höchstens 1 und 2 oder 3 Durchschnittspuncte haben.

L. Seht zu, wie viele Durchschnittspuncte 4 gerade Linien höchstens haben können?

Kr. .... höchstens 6.

Aufl. (wie vorhin). Kommt nämlich die dritte Linie hinzu, so kann sie jede von den 3 vorhandenen nur einmal durchschneiden, weil 2 gerade Linien nur Einen Durchschnittspunct haben können. Folglich können 4 gerade Linien höchstens 1 + 2 + 3, d. h. 1 und 2 und 3, oder 6 Durchschnittspuncte haben.

Anm. Die obigen Auflösungen kann der Lehrer zuerst von einzelnen Kindern, und dann auf den gegebenen Wink von allen gemeinschaftlich wiederholen lassen. Das folgende wird eben so wie das vorhergehende behandelt.

5 gerade Linien können sich höchstens in 1 + 2 + 3 + 4 = 10 Puncten durchschneiden.

6 gerade Linien höchstens in 1 + 2 + 3 + 4 + 5 = 15 Puncten durchschneiden.

7 gerade Linien höchstens in 1 + 2 + 3 + 4 + 5 + 6 = 21 Puncten durchschneiden, u. s. w.

Zusatz.

Um die größte Zahl der Vereinigungspuncte zu finden, muß man also die natürliche Reihe der Zahlen von 1 bis zu der, welche der gegebenen Anzahl der Linien vorhergeht, zusammenzählen, z. B. um die größte Anzahl der Vereinigungspuncte für 12 gerade Linien zu finden, muß man $1 + 2 + 3 + 4 + 5 + 6 + 7 + 8 + 9 + 10 + 11$ addiren. Wie läßt sich diese beschwerliche Addition abkürzen? Man stelle sich die zu addirenden Zahlen in ihrer Ordnung unter einander geschrieben vor. Neben diese erste Reihe setze man die nämliche Reihe verkehrt, wie hier beistehend. Beide senkrechte Reihen enthalten offenbar gleich viel. Nun ist aber die Summe der obern wagrechten Reihe $1 + 11 = 12$; die Summe der zweiten und jeder folgenden ist eben so groß, weil die zweite senkrechte jedesmal um 1 abnimmt, indem die erste um 1 zunimmt; folglich ist die Summe beider Reihen 11 mal $12 = 132$. Ich will aber nur die Summe Einer Reihe wissen; diese ist halb so groß, weil beide Reihen gleich sind. Sie ist also hier gleich der Hälfte von 132, oder 11 mal $6 = 66$. Dieses giebt folgende Regel: man multiplizire die Anzahl der Linien mit der nächstvorhergehenden Zahl, und nehme von dem Producte die Hälfte. Auf diese Weise findet man z. B., daß 21 gerade

1	11
2	10
3	9
4	8
5	7
6	6
7	5
8	4
9	3
10	2
11	1

Linien höchstens $\frac{20 \cdot 21}{2}$, d. h. 20 mal 21 dividirt durch 2, oder 10.21 = 210 Durchschnittspuncte haben können, u. s. w.

Die nämliche Regel läßt sich kürzer und mehr unmittelbar aus der Ansicht der Linienverbindung so ableiten. Wenn sich 8 ger. Linien in der höchsten Anzahl von Puncten durchschneiden, so durchschneidet jede dieser 8 die 7 übrigen einmal. In jeder stehen also 7 Durchschnittspuncte. (Der Lehrer muß den Kindern dieses an mehrern Linien einzeln zeigen.) Da nun 8 gerade Lin. vorhanden sind, so würden 8.7 = 56 Durchschnittspuncte entstehen, wenn nicht jeder Punct hierbei doppelt gerechnet wäre. (Der Lehrer zeigt an der Linienverbindung auf der Schultafel, wie jeder Punct, als in 2 Linien stehend, hierbei zweimal gezählt wird.) Man muß daher von der gefundenen Anzahl die Hälfte nehmen, $\frac{8\ 7}{2} = 4.7 = 28.$

4.

Linien durch Einen Punct.

L. Zeichnet 3 Striche durch Einen Punct.

— Wie viel Striche kann man durch Einen Punct zeichnen?

Kr. So viele man will.

L. Wie viel gerade Linien können durch Einen Punct gehen?

Kr. So viele man will.

L. Wenn 3 g. L. durch Einen Punct gehen, können sie dann außer diesem noch einen Durchschnittspunct haben? Warum nicht?

Aufl. Zwei g. L. können sich nur in Einem Puncte durchschneiden. Nun durchschneiden sich aber jede zwei g. L. in dem gemeinschaftlichen Durchschnittspuncte, daher können sie sich nicht noch anderswo durchschneiden.

Eben so verhält es sich, wenn 3, 4, 5, 6 und mehr g. L. durch Einen Punct gehen.

Wenn 3 oder mehr gerade Linien durch Einen Punct gehen, so können sie sich nirgend anderswo durchschneiden.

5.

Verbindung gleichlaufender und ungleichlaufender Linien, von denen nirgend mehr als 2 durch Einen Punct gehen, in Beziehung auf die Zahl der Durchschnittspuncte.

L. Wenn von 3 g. L. 2 gleichlaufend sind, in wie vielen Puncten können sie sich dann durchschneiden?

Kr. Wenn ꝛc. . . . . . so können sie sich nur in 2 Puncten durchschneiden.

L. Könnt ihr mir hiervon einen Grund angeben?

Die Kinder werden antworten: Wenn wir zwei gleichlaufende Striche zeichnen, so durchschneiden sich diese nicht. Zeichnen wir nun den dritten Strich, so kann dieser jeden der beiden vorhandenen nur in Einem Puncte durchschneiden (§. 3.), folglich erhalten wir 2 Durchschnittspuncte. Eben so verhält es sich mit 3 Linien.

L. Wie viel Durchschnittspuncte können 3 g. L. höchstens haben?

Kr. Drei g. L. können höchstens 3 Durchschnittspuncte haben.

L. Nun sind hier 2 gleichlaufend, haben also keinen Durchschnittspunct; es fällt also von jenen 3 einer weg, folglich bleiben nur noch 2 Durchschnittspuncte.

Eine ähnliche doppelte Auflösung läßt der Lehrer auch bei den folgenden Fällen machen, die er beliebig vermehren kann.

L. Wenn von 4 g. L. 3 gleichlaufend sind, in wie vielen Puncten können sie sich dann durchschneiden?

Kr. Wenn ꝛc. . . . . in 3 Puncten durchschneiden.

Eben so, wenn von 5, 6, 7 g. L.
4, 5, 6 gleichlaufend

sind, so durchschneiden sie sich in 4, 5, 6 Puncten.

Einige leichtere Fälle zur Uebung.

Wenn von 4 g. L 2 gleichlaufend sind, so giebt es höchstens 5 Durchschnittspuncte.

Wenn von 5 g. L. 2 gleichlaufend sind, so giebt es höchstens 9 Durchschnittspuncte.

Wenn von 5 g. L. 3 gleichlaufend sind, so giebt es höchstens 7 Durchschnittspuncte.

Wenn von 6 g. L. 2 gleichlaufend sind, so giebt es höchstens 14 Durchschnittspuncte.

Wenn von 6 g. L. 3 gleichlaufend sind, so giebt es höchstens 12 Durchschnittspuncte.

Wenn von 6 g. L. 4 gleichlaufend sind, so giebt es höchstens 9 Durchschnittspuncte.

u. s. w.

Wenn von 8 g. L. 5 gleichlaufend sind, so können sie sich höchstens in 18 Puncten durchschneiden.

Aufl. 1. Die 5 gleichlaufenden durchschneiden sich gar nicht. Die sechste kann alle 5 durchschneiden, die siebente die vorhandenen 6, die achte die vorhandenen 7 in lauter neuen Puncten. $5 + 6 + 7 = 18$.

Aufl. 2. Acht g. L. können höchstens 28 Durchschnittspuncte haben (§. 3). Nun sind aber 5 gleichlaufend, und haben keinen Durchschnittspunct; sie könnten aber 10 haben. Diese 10 gehen von jenen 28 ab, und es blieben also nur noch 28 — 10, d. h. 28 weniger 10 = 18.

(Sollten einige Kinder noch auf andre Auflösungsarten verfallen, wie z. B. wenn sie zuerst die Durchschnittspuncte suchten, welche die ungleichlaufenden unter sich bilden — in dem obigen Falle 3 — und dann die, welche durch den Durchschnitt der gleichlaufenden mit den ungleichlaufenden gebildet werden — hier 15 — hinzurechneten, so hat der Lehrer diese nicht zu verwerfen, sondern muß die Kinder vielmehr zur Aufsuchung solcher eigenen Auflösungen ermuntern.)

Einige schwerere Fälle für Geübtere.

Wenn von 10 g. L. 7 gleichlaufend sind, so giebt es höchstens 24 Durchschnittspuncte.

Wenn von 12 g. L. 4 gleichlaufend sind, so giebt es höchstens 60 Durchschnittspuncte.

Wenn von 20 g. L. 10 gleichlaufend sind, so giebt es höchstens 145 Durchschnittspuncte.

Wenn von 10 g. L. 3 in Einer, 4 in einer andern Richtung gleichlaufend sind, so giebt es höchstens 36 Durchschnittspuncte.

Wenn von 10 g. L. 5 in Einer, 5 in einer andern Richtung gleichlaufend sind, so giebt es höchstens 25 Durchschnittspuncte.

Wenn von 12 g. L. 6 in einer, 6 in einer andern Richtung gleichlaufend sind, so giebt es höchstens 36 Durchschnittspuncte.

Wenn von 12 g. L. 8 in einer, 4 in einer andern Richtung gleichlaufend sind, so giebt es höchstens 32 Durchschnittspuncte.

Wenn von 15 g. L. 8 in einer, 7 in einer andern Richtung gleichlaufend sind, so giebt es höchstens 56 Durchschnittspuncte, u. s. w.

6.

Verbindung ungleichlaufender Linien, von denen auch mehr als zwei durch Einen Punct gehen, in Beziehung auf die Zahl der Durchschnittspuncte.

L. Wenn von 4 g. L. 3 durch Einen Punct gehen, wie viel Durchschnittspuncte kann es dann höchstens geben?

Kr. Wenn ..... höchstens 4 ....

Aufl. 1. Die 3, welche durch Einen Punct gehen, können sich nicht weiter durchschneiden, §. 4.) Die vierte kann jede der 3 vorhandenen durchschneiden, erhält also überhaupt 1+3=4 Durchschnittspuncte.

Aufl. 2. Vier g. L. können 6 Durchschnittspuncte haben (§. 3); nun gehen aber davon durch Einen Punct, die sich also nicht in 3, sondern nur in Einem Puncte durchschneiden. Es müssen also diese 4 Linien 2 Durchschnittspuncte weniger haben, als die höchste Anzahl. 6 — 2 = 4.

Wenn von 5 g. L. 4 durch Einen Punct gehen, wie viele Durchschnittspuncte können sie dann höchstens haben? Antw. — 5 Durchschnittspuncte.

Einige leichtere Fälle zur Uebung.

Wenn von 5 g. L. 4 durch Einen Punct gehen, so giebt es höchstens 5 Durchschnittspuncte.

Wenn von 5 g. L. 3 durch Einen Punct gehen, so giebt es höchstens 8 Durchschnittspuncte.

Wenn von 6 g. L. 5 durch Einen Punct gehen, so giebt es höchstens 6 Durchschnittspuncte.

Wenn von 6 g. L. 4 durch Einen Punct gehen, so giebt es höchstens 10 Durchschnittspuncte.

Wenn von 6 g. L. 3 durch Einen Punct gehen, so giebt es höchstens 13 Durchschnittspuncte.

Wenn von 7 g. L. 6 durch Einen Punct gehen, so giebt es höchstens 7 Durchschnittspuncte.

Wenn von 7 g. L. 5 durch Einen Punct gehen, so giebt es höchstens 12 Durchschnittspuncte.

Wenn von 7 g. L. 4 durch Einen Punct gehen, so giebt es höchstens 16 Durchschnittspuncte.

Wenn von 7 g. L. 3 durch einen Punct gehen, so giebt es höchstens 19 Durchschnittspuncte.

Wenn von 8 g. L. 5 durch einen Punct gehen, so giebt es höchstens 19 Durchschnittspuncte.

Wenn von 8 g. L. 3 durch einen Punct gehen, so giebt es höchstens 26 Durchschnittspuncte, u. s. w.

Wenn von 10 g. L. 7 durch Einen Punct gehen, in wie vielen Puncten können sie sich dann durchschneiden? — In 25. —

Aufl. 1. Die ersten 7 haben nur Einen Durchschnittspunct. Die 8te durchschneidet die vorhandenen 7; die 9te die nunmehr vorhandenen 8; und die 10te die jetzt vorhandenen 9. Es giebt also $1 + 7 + 8 + 9 = 25$ Durchschnittspuncte.

Aufl. 2. Zehn g. L. können höchstens 45 Durchschnittspuncte haben. Die 7 ersten könnten 21 Durchschnittspuncte haben, haben aber nur Einen, folglich 20 weniger als sie haben könnten. $45 - 20 = 25$.

Einige schwerere Fälle für Geübtere

Wenn von 11 g. L. 6 durch 1 Punct gehen, so giebt es höchstens 41 Durchschnittspuncte.

Wenn von 14 g. L. 8 durch 1 Punct gehen, so giebt es höchstens 64 Durchschnittspuncte.

Wenn von 16 g. L. 10 durch 1 Punct gehen, so giebt es höchstens 76 Durchschnittspuncte.

Wenn von 16 g. L. 14 durch 1 Punct gehen, so giebt es höchstens 30 Durchschnittspuncte.

Wenn von 10 g. L. 5 durch 1 P., 4 d. 1 andern P gehen, so giebt es höchstens 31 Durchschnittspuncte.

Wenn von 10 g. L. 6 durch 1 P., 4 d. 1 andern P. gehen, so giebt es höchstens 26 Durchschnittspuncte.

Wenn von 10 g. L. 7 durch 1 P., 3 d. 1 andern P gehen, so giebt es höchstens 23 Durchschnittspuncte.

Wenn von 20 g. L. 10 durch 1 P., 5 d. 1 andern P. gehen, so giebt es höchstens 137 Durchschnittspuncte.

Wenn von 20 g. L. 10 durch 1 P., 10 d. 1 andern P. gehen, so giebt es höchstens 102 Durchschnittspuncte, u. s. w.

7.
Verbindung gleichlaufender und ungleichlaufender g. L., von denen auch mehr als 2 durch Einen Punct gehen, in Beziehung auf die Zahl der Durchschnittspuncte.

L. Wenn von 4 g. L. 2 gleichlaufend sind, und 3 durch Einen Punct gehen; in wie vielen Puncten werden sie sich dann durchschneiden?

Kr. Wenn . . . . in 3 Puncten durchschneiden.

Aufl. 1. Zeichnet man zuerst 3 Striche, die sich in Einem Puncte durchschneiden, so kann der 4te, da er mit einem von diesen gleichlaufend sein soll, nur 2 davon durchschneiden. Dieses giebt 1 + 2 oder 3 Durchschnittspuncte.

Aufl. 2. Vier g. L. können höchstens 6 Durchschnittspuncte haben. Da nun 2 gleichlaufend sind, so muß dafür 1 P.; und da 3 durch Einen Punct gehen, so müssen dafür 2, zusammen also 3 Puncte abgerechnet werden. 6 — 3 = 3.

Wenn von 8 g. L. 4 gleichlaufend sind, und 4 durch Einen Punct geben, so entstehen noch 17 Durchschnittspuncte.

Wenn von 8 g. L. 6 gleichlaufend sind, und 3 durch Einen Punct gehen, so entstehen noch 11 Durchschnittspuncte.

Wenn von 9 g. L. 5 durch Einen Punct gehen, und 4 gleichlaufend sind, so entstehen 21 Durchschnittspuncte.

Wenn von 9 geraden Linien 7 durch Einen Punct gehen und 3 gleichlaufend sind, so entstehen 13 Durchschnittspuncte.

Wenn von 10 geraden Linien 5 gleichlaufend, und 3 in einer andern Richtung gleichlaufend sind, auch 4 durch Einen Punkt gehen, so entstehen 27 Dnrchschnittspunete.

Von 6 geraden Linien sind immer 2 und 2 gleichlaufend. Auch gehen in 3 Puncten durch jeden 3 gerade Linien; wie viel Durchschnittspuncte werden vorhanden sein? — A. 6. (Fig. 7)

Von 18 graden Linien sind 6 in einer, 5 in einer andern Richtung gleichlaufend. Durch einen Punct gehen 4, durch einen andern 5 gerade Linien. — Wie viele Durchschnittspuncte werden entstehen? — Antw. — 114 —

Der Lehrer kann hier, je nachdem die Kräfte der Schüler mehr oder weniger entwickelt sind, zu noch schwereren Aufgaben fortschreiten, oder bei weniger verwickelten stehen bleiben. — Er hat sich indeß zu hüten, die Aufgaben nicht so einzurichten, daß die Construction unmöglich wird. Die Berechnung der Aufgaben nach Regeln, auf welche immerhin die Construction geführt haben mag, darf überhaupt niemals Hauptsache werden, wenn diese Uebungen nich ihren wesentlichsten Zweck verfehlen sollen. Dieser besteht aber darin, daß der Schüler die Kraft erhalte, die Linien nach den gegebenen Bedingungen zu verbinden, und diese Verbindung klar und fest anzuschaun, um das Verlangte darin richtig aufzusuchen. Auf der andern Seite darf aber die Regel, und die Rechnung nach der Regel nicht fehlen, denn an ihr sieht der Schüler, daß sein Wissen auf eine höhere Stufe gehoben, daß er durch die im Besondern angestellten Untersuchungen zu etwas Allgemeinem gekommen ist, welches die unendliche Fortsetzung jener Untersuchung einzelner Fälle entbehrlich macht.

8.

Zerfällung der geraden Linie in Strahlen.

L. Zeichnet einen geraden Strich.

— Setzet in denselben einen Punct.

— Nehmet eure Tafel so vor euch, daß dieser Strich wagrecht wird.

— Nach welcher Richtung geht dieser Strich?

Kr. Der Strich geht nach der Richtung rechts, oder auch links.

L. Wenn ihr aber die Richtung von dem Puncte aus angeben sollt, den ihr in denselben gesetzt habt?

Kr. Der eine Theil des Strichs geht rechts, und der andre geht links.

L. Denkt euch eine waarechte, seitwärts gehende Linie, und in derselben irgendwo einen Punct. — R. — Nach welchen Richtungen geht diese Linie von dem Puncte aus?

Kr. Der eine Theil der Linie geht rechts, der andre geht links.

L. Denkt euch eine andre gerade Linie, und in derselben irgendwo einen Punct. — R — Läßt sich die Richtung dieser Linie von dem Puncte aus auch zwiefach angeben?

— Wie könnt ihr aber das Verhältniß dieser Richtungen ausdrücken?

Jede gerade Linie geht nach 2 Richtungen, welche einander entgegengesetzt sind.

— Wenn man sich von einer geraden Linie den Theil auf der einen Seite des in dieselbe gesetzten Puncts wegdenkt, kann man alsdann ihre Richtung auch noch zwiefach angeben?

— Zeichnet einen senkrechten Strich.

— Gebt mir die Richtung dieses Strichs vom untern Endpuncte an!

— Zeichnet einen geraden Strich rechts aufwärts!

— Gebt mir die Richtung dieses Strichs vom obern Endpuncte an! u. s. w.

L. Denkt euch eine gerade Linie rechts aufwärts — R. — In derselben denkt euch einen Punct. — R. —

— Wenn ihr euch nun blos den obern Theil dieser Linie vorstellt, wie ist er gerichtet?

— Wie ist der untere gerichtet? u. s. w.

Insofern man eine gerade Linie blos auf einer Seite eines Punctes betrachtet, nennt man sie einen Strahl.

— Wie viel Strahlen bildet nun eine g. L., wenn man sich nur Einen Punct in derselben denkt?

— Denkt euch eine senkrechte Linie, und in derselben irgendwo einen Punct. — R. —

— Wie sind die beiden Strahlen gerichtet, welche von dieser Linie gebildet werden?

(Eben so mit wagrechten und schrägen Linien.)

Der Lehrer kann den Kindern hier sagen, daß, insofern ein gerader Strich das Zeichen einer geraden Linie sei, er auch das Zeichen für die Strahlen derselben abgebe. Uebrigens kann er hier wieder erinnern, daß eine gerade Linie nach beiden Seiten unendlich fortgehe, der Strahl aber von einem bestimmten Puncte nur nach einer Seite unendlich sei.

9.

Verbindung der Linien in Beziehung auf die dadurch entstehenden Strahlen.

L. Untersucht, wie viel Strahlen 2 gerade Linien bilden können, welche sich in einem Puncte durchschneiden. — R. — Sagt mir, was ihr gefunden habt.

Kr. 2 gerade Linien, welche sich durchschneiden, bilden von dem Durchschnittspuncte aus 4 Strahlen. (Fig. 8.)

Aufl. Eine gerade Linie, in welcher ein Punct steht, bildet 2 Strahlen; 2 gerade Linien in deren jeder ein Punct steht, bilden also 4 Strahlen.

L. Wie viel Strahlen bilden 3, 4, 5, 6 u. s. w. gerade Linien, welche sich in einem Puncte durchschneiden?

Antw. 3 g. L. bilden 6 Strahlen F. 9; 4 g. L. 8; 5 g. L. 10; 6 g. L. 12; überhaupt jede Zahl Linien die doppelte Zahl Strahlen, weil jede Linie in 2 Strahlen zerfällt.

Es darf wohl kaum erinnert werden, daß den Schülern die Fragen über jede Anzahl Strahlen einzeln vorzulegen sind. — Wenn die Construction mit Strichen von der Construction mit Linien ausdrücklich unterschieden wird, so hat der

Lehrer darauf zu halten, daß sie nur bei der ersten, dann aber auch alle, die Zeichnung auf ihren Tafeln machen; bei der letztern aber dürfen weder die Schüler auf ihren Tafeln, noch der Lehrer auf der Wandtafel eine Zeichnung machen. — Wenn hingegen, wie in diesem 9ten Abschn., die Construction sogleich mit Linien verlangt wird, so kann der Lehrer eine Zeichnung verstatten, sie auch selbst an der Schultafel machen, und es wird dadurch eine Weitläuftigkeit vermieden, die nur so lange nothwendig ist, als zu befürchten steht, daß die Schüler Linien mit Strichen, und überhaupt die wahre Construction in der Idee, mit der Zeichnung, die jener nur zu Hülfe kommen soll, verwechseln mögten.

L. Wenn in einer g. L. 2 Puncte stehen, in wie viel Strahlen zerfällt sie von diesen beiden Puncten aus?

Kr. Die Linie zerfällt von einem Puncte aus in 2 Strahlen, von 2 Puncten aus in 4 Strahlen.

Wenn in einer g. L. 3, 4, 5, 6 Puncte stehen, so zerfällt sie von diesen aus in 6, 8, 10, 12 Strahlen.

Eine gerade Linie zerfällt in doppelt so viel Strahlen als Puncte in derselben stehen.

In F. 10. zerfällt xy in die 4 Strahlen ax, ay, bx, by. Der Lehrer bediene sich beim mündlichen Unterrichte der Buchstaben, welche an die Zeichnungen gesetzt werden, so selten als möglich, denn sie hindern das reine Auffassen der Constructionen, und sind blos ein Nothbehelf für den schriftlichen Vortrag, bei welchem das unmittelbare Zeigen der gemeinten Linien nicht möglich ist.

10.

Fortsetzung.

F. Wenn 3 gerade Linien ungleichlaufend sind, und nicht durch Einen Punct gehen, in wie viel Strahlen zerfallen sie dann von den Durchschnittspuncten aus?

Kr. Wenn ...... so zerfallen sie in 12 Strahlen.

Aufl. 1. Jede Linie durchschneidet die beiden übrigen, erhält also 4 Strahlen. 3 Linien erhalten demnach 12 Strahlen. Fig. 10.

Aufl. 2. Drei g. L. durchschneiden sich höchstens in 3 Puncten. Von jedem Durchschnittspuncte lassen sich 4, überhaupt also 12 Strahlen angeben.

Wenn 4 g. L. ungleichlaufend sind, und nirgend mehr als zwei durch einen Punct gehen, so zerfallen sie von den Durchschnittspuncten aus in 24 Strahlen.

Wenn 5 g. L. ungleichlaufend sind, und nirgend mehr als zwei durch einen Punct gehen, so zerfallen sie von den Durchschnittspuncten aus in 40 Strahlen.

Wenn 6 g. L. ungleichlaufend sind, und nirgend mehr als zwei durch einen Punct gehen, so zerfallen sie von den Durchschnittspuncten aus in 60 Strahlen.

Wenn 7 g L. ungleichlaufend sind, und nirgend mehr als zwei durch einen Punct gehen, so zerfallen sie von den Durchschnittspuncten aus in 84 Strahlen.

Wenn 8 g. L ungleichlaufend sind, und nirgend mehr als zwei durch einen Punct gehen, so zerfallen sie von den Durchschnittspuncten aus in 112 Strahlen, u. s. w.

Aufl. 1. Wenn 8 g. L. gegeben sind: Jede von den 8 g L wird von den 7 übrigen geschnitten, erhält also 7 Durchschnittspuncte, und zerfällt von diesen aus in $7 . 2 = 14$ Strahlen. In 8 g. L. lassen sich demnach $8 . 7 . 2 . = 112$ Strahlen angeben.

Aufl. 2. 8 g. L. haben $\frac{8 . 7}{2} = 28$ Durchschnittspuncte. Von jedem Durchschnittspuncte lassen sich aber 4 Strahlen angeben, von 28 Durchschnittspuncten aus also $4 . 28 = 112$ Strahlen

Die erste Auflösung giebt, auf ganz ähnliche Weise wie im Zusatze zu § 3 gezeigt ist, die Regel zur Auffindung der Anzahl Strahlen unmittelbar. Die zweite Auflösung stützt sich aber auf jene Regel, und kann also nur vermittelst derselben gegeben werden. Die erste Auflösung verdient demnach den Vorzug.

Ueber die Fälle, wo entweder mehrere Linien gleichlaufend sind, oder mehr als zwei durch einen Punct gehen, oder beides statt findet, mögen hier, um nicht zu weitläuftig zu werden, nur noch einige Beispiele folgen.

Wenn sich 3 g. L. in 2 Puncten durchschneiden, so geht Eine von denselben durch 2 Puncte, erhält also 4 Strahlen, die beiden übrigen gehen jede nur durch Einen Punct, zerfallen also nur jede in 2 Strahlen. Es entstehen also überhaupt nur 8 Strahlen. F. 11.

Wenn sich 4 g. L. in 3 Puncten durchschneiden, so bilden sie entweder 12 oder 14 Strahlen. F. 12. Sind nämlich 3 gleichlaufend, so erhält die 4te 3 Durchschnittspuncte, giebt also 6 Strahlen, jede von den 3 ersten erhält aber nur Einen Durchschnittspunct, und giebt also nur 2 Strahlen. Man erhält also überhaupt 12 Strahlen.

Sind nur 2 gleichlaufend, so müssen 3 durch einen Punct gehen, und man erhält 14 Strahlen.

Wenn von 5 g. L. 3 gleichlaufend, und 2 nach einer andern Richtung gleichlaufend sind, so zerfallen sie von den Durchschnittspuncten aus in 24 Strahlen; denn jede von den 3 gleichlaufenden erhält 2 Durchschnittspuncte, und zerfällt also in 4 Strahlen. Jede von den 2 gleichlaufenden erhält 3 Durchschnittspuncte und zerfällt in 6 Strahlen. 3.4 und 2.6 = 24.

11.

Verbindung zweier Strahlen. Winkel, Schenkel, Scheitelpunct.

L. Zeichnet einen Punct. — R. —

— Von diesem Puncte aus zeichnet 2 Striche, nach verschiedenen Richtungen. — R. —

— Ist der Unterschied in der Richtung beider Striche bei euch allen gleich groß? — könnt er aber nicht bei einigen von euch gleich gr[illegible] sein?

— Diesen Unterschied in der Richtung [illegible] man einen Winkel. — Was habt ihr gezeichnet?

Ki. Wir haben einen Winkel gezeichnet.

L. Ihr habt den Winkel aber nur mit Strichen gezeichnet, welche eine Richtung nie vollständig und genau ausdrücken; wir wollen ihn daher nun mit Linien zeichnen.

— Stellet euch jetzt eine (wagrechte) Ebene vor. — R. —

— In derselben denkt einen Punct. — R. —

— Von diesem Puncte anfangend denkt euch eine rechtsgehende g. L. — R. Diese ist also was?

Kr. ein Strahl.

L. Von demselben Anfangspuncte und in der nämlichen Ebene denkt euch einen zweiten Strahl. — R. —

— Sind beide Strahlen gleich oder ungleich gerichtet?

— Findet hier also ein Unterschied in der Richtung beider Strahlen statt? — Wie nennt man diesen?

Den Unterschied in der Richtung zweier Strahlen nennt man einen Winkel.

Den Punct, von welchem aus die Richtung beider Strahleu bestimmt wird, nennt man den Scheitelpunct des Winkels.

Die beiden Strahlen, welche den Winkel bilden, nennt man die Schenkel des Winkels.

Es können sich hier sogleich Uebungen in der Bestimmung der Schenkel und des Scheitelpuncts gegebener Winkel anschließen. Der Lehrer zeichnet einzelne und verbundene Winkel an die Schultafel, zeigt sie, und frägt nach Schenkeln und Scheitelpunct, nachdem er den Kindern gesagt hat, daß sie sich unter den gezeichneten Strichen Strahlen zu denken haben.

Es wird hiebei zweckmäßig sein, die Kinder zugleich mit der Bezeichnung eines Winkels durch Buchstaben bekannt zu machen. Der Lehrer sagt ihnen, daß man in einen Winkel einen Buchstaben setzen könne, und daß dieser dann gleichsam der Name des Winkels sei, wie in F. 8. a, b, c, d die 4 um den gemeinsamen Scheitelpunct liegenden Winkel bedeute. Liege der Winkel allein so könne der Buchstab auch außerhalb des Winkels an seinem Scheitelpuncte stehen, wie in F. 13, a. Lägen aber mehrere Winkel an einem Puncte, an welchen doch nur ein Buchstab steht, wie in F. 10. an c, so müsse, man den Winkel durch 3 Buchstaben bezeichnen von denen 2 an seinen Schenkeln, und der dritte an seinen Scheitelpuncte stehe. Diese müßten stets in der Ordnung genannt werden, daß der letztere Buchstab in die Mitte zwischen den beiden erstern zu stehen komme. So hieße in F. 10. der obere Winkel an c, rct oder tcr, nicht aber rtc oder crt. — Dieses muß nun sogleich an mehrern Figuren geübt werden.

Es wird nicht unzweckmäßig sein, schon hier einen Winkel vollständig construiren zu lassen. Zu diesem Ende lasse der Lehrer von einem Puncte aus, in einer Ebene 2 Strahlen nach derselben Richtung zeichnen, und während der eine in Ruhe bleibt, lasse er den andern sich nach und nach in der Ebene um den gemeinsamen Anfangspunct schwenken, so daß er wie in F. 14 nach und nach in die Lagen pa, pb, pc, u. s. w. komme. —

Der Winkel wächst. Mehr hievon in der Größenlehre.

Da jeder Theil einer g. L. dieselbe Richtung hat, wie die ganze (Vorübungen Abschn. II. No. 11.) so muß auch der Unterschied in der Richtung zweier ganz kurzer Linien eben so groß sein, als wenn man sich beide, von dem gemeinschaftlichen Scheitelpuncte aus, unendlich verlängert denkt *).

12.

Verbindung zweier Linien. Vierfache Beziehung ihrer Richtung auf einander.

L. Wenn man in einer geraden Linie Einen Punct setzet, in wie viel Strahlen wird sie dadurch zerfällt? (§. 8.)

— Sind diese gleich oder ungleich gerichtet?

— Wie haben wir die Richtung dieser beiden Strahlen gegen einander bezeichnet?

---

*) Als der vollständige Flächenausdruck eines Winkels muß der von dem beweglichen Strahle durchlaufene Raum angesehen werden. Dieser ist eine nach 2 Seiten begrenzte, nach der dritten aber unbegrenzte ebene Fläche.

L. Kann man die Abweichung in der Richtung dieser beiden Strahlen nun auch einen Winkel nennen?

— Man könnte es allerdings, und ihr werdet in der Folge sehen, daß es wirklich geschieht; indeß wollen wir fürs Erste nur von solchen Winkeln sprechen, bei denen die Abweichung ihrer Schenkel geringer ist, als die zweier gerade entgegengesetzter Strahlen.

L. Zeichnet einen geraden Strich. — Irgendwo in demselben setzt einen Punct. — Von diesem Puncte aus zeichnet einen zweiten geraden Strich. F. 15.

— Wenn ihr euch nun statt der Striche gerade Linien vorstellt, (die letztern jedoch blos von dem Puncte ausgehend) in wie viel Strahlen zerfallen sie von dem gemeinsamen Punct aus? — bilden sie Winkel? wie viele? welches sind ihre Schenkel?

I. Diese g. L. (z. — b, c,) bildet diese beiden Schenkel (z — ab und a c). Diese beiden Schenkel bilden unter sich nun zwar noch keine Winkel, (nach dem Vorhergehenden) ich kann mir jedoch die Abweichung in der Richtung dieses dritten Schenkels (z. — a d) sowohl von a b als auch von a c vorstellen, folglich sind Winkel da.

L. Seht zu, wie viel Winkel 2 g L, welche sich durchschneiden, bilden können?

Die Kinder untersuchen dieses, indem sie 2 gerade Striche zeichnen, die sich durchschneiden — Sie bilden 4 Winkel.

L. Wie entsteht dieser Winkel? (z. — c a c) F. 16.

Kr. Der Winkel c a c entsteht durch die Abweichung der beiden Schenkel a c und a c in ihrer Richtung.

L. Wie kann ich mir den Winkel (z. — c a c) entstanden denken?

Kr. Ich kann mir den Winkel c a c dadurch entstanden denken, daß der Schenkel a c zuerst über a c gelegen, und sich dann um den Punct a so weit geschwenkt habe, bis er in die Lage a c gekommen.

Eben so bei den übrigen Winkeln.

Die Anschauung ergiebt hier sehr klar, daß nicht mehr als 4 Winkel gedacht werden können. Sind die Kinder aber im allgemeinen Verbinden (Combiniren) geübt, so kann ihnen der Lehrer auch sagen, daß man sich die Abweichung jeder 2 Strahlen, die nicht gerade entgegengesetzt gerichtet sind, als Winkel, dessen Schenkel jene Strahlen sind, vorstellen kann. Nun lassen sich 4 Strahlen in 6 Paare zusammenordnen, a b und a c; a b und a d; a b und a e; a c und a d; a c und a e; a d und a e. Von diesen 6 Paaren geben 2, nämlich das erste und das letzte keinen Winkel, weil dessen Schenkel entgegengesetzt sein würden; es bleiben also 4 Paare übrig, und diese bilden die 4 Winkel.

In Rücksicht des Gebrauchs der Buchstaben muß die Erinnerung bei §. 9. hier wiederholt werden.

13.

Verbindung mehrerer Linien, welche sich in Einem Puncte durchschneiden, in Beziehung auf die Zahl der ungetheilten Winkel.

L. Wie viel Winkel können 2 gerade Linien bilden, welche sich durchschneiden?

— Wie viel Winkel bilden 3 gerade Linien, welche sich in Einem Puncte durchschneiden, wenn man die nicht mit rechnet, welche aus 2 andern Winkeln bestehen? F. 9.

Kr. Drei g. L. . . . . bilden 6 Winkel.

Aufl. 1. — Zwei g. L. bilden 4 Winkel; die dritte kann nicht anders gezogen werden, als so, daß sie 2 der vorhandenen Winkel jeden in 2 Theile theilt. Es entstehen also 6 Winkel.

Aufl. 2. — Jede Linie zerfällt von dem gemeinsamen Durchschnittspuncte aus in 2

Strahlen. Nun kann ich aber die Abweichung eines jeden Strahls vom nächstvorhergehenden betrachten; folglich erhalte ich 6 Winkel.

Aufl. 3. — Ich kann die Abweichung jedes Strahls von den beiden zunächstliegenden betrachten; oder jeder Strahl dient als Schenkel zweier Winkel. Nun gehören aber auch zu jedem Winkel zwei Schenkel; folglich ist die Zahl der Winkel der Zahl der Strahlen gleich.

L. Wie viel ungetheilte Winkel bilden 4, 5, 6, 7 ꝛc. g. L., welche durch Einen Punct gehen?

Antw. 4 g. L. bilden 8; 5 g. L. 10; 6 g. L. 12; 7 g. L. 14 ungetheilte Winkel.

An einem Puncte entstehen doppelt so viel Winkel, als Linien durch denselben gezogen werden.

Da die Anzahl der ungetheilten Winkel überhaupt immer der Zahl der Strahlen gleich ist, welche unter den nämlichen Bedingungen von einer gegebenen Anzahl gerader Linien gebildet werden, so weicht dieser Abschnitt von dem §. 9 und 10 nicht wesentlich ab. Der Lehrer wird aber wohl thun, seiner größern Wichtigkeit wegen, etwas länger bei demselben zu verweilen.

14.

Verbindung ungleichlaufender Linien, von denen nirgend mehr als 2 durch Einen Punct gehen, in Beziehung auf die Zahl der Winkel.

L. Wie viel Winkel bilden 3 g. L. welche ungleichlaufend sind, und nicht durch Einen Punct gehen?

Kr. Drei g. L. . . . . bilden 12 Winkel.

Aufl. — Drei g. L. durchschneiden sich höchstens in 3 Puncten. An jedem Durchschnittspuncte entstehen 4, überhaupt also 12 Winkel.

Wenn 4 g. L. ungleichlaufend sind, und nirgend mehr als 2 durch Einen Punct gehen, so bilden sie 24 Winkel.

Wenn 5 g. L. ungleichlaufend sind, und nirgend mehr als 2 durch Einen Punct gehen, so bilden sie 40 Winkel.

Wenn 6 g. L. ungleichlaufend sind, und nirgend mehr als 2 durch Einen Punct gehen, so bilden sie 60 Winkel.

Wenn 7 g. L. ungleichlaufend sind, und nirgend mehr als 2 durch Einen Punct gehen, so bilden sie 84 Winkel.

Wenn 8 g. L. ungleichlaufend sind, und nirgend mehr als 2 durch Einen Punct gehen, so bilden sie 112 Winkel.

Wenn 9 g. L. ungleichlaufend sind, und nirgend mehr als 2 durch Einen Punct gehen, so bilden sie 144 Winkel.

Wenn 10 g. L. ungleichlaufend sind und nirgend mehr als 2 durch Einen Punct gehen, so bilden sie 180 Winkel. u., s. w.

Aufl. wenn 8 g. L. gegeben sind.

8 g. L. können sich höchstens in $\frac{8 \cdot 7}{2}$ $=$ 28 Durchschnittspuncten vereinigen; (§. 3) alsdann gehen durch jeden Punct nur 2 g. L. also entstehen an jeden Puncte 4 Winkel. $4 \cdot 28 = 112$.

Wenn sich 11, 12, 20, 25 g. L. in der höchsten Anzahl von Puncten durchschneiden, so entstehen 220, 264, 760, 1200 Winkel.

Anm. Um die höchste Zahl von Vereinigungspuncten zu finden, mußte die Zahl der g. L. mit der nächstvorhergehenden Zahl multiplizirt, und von dem Producte die Hälfte genommen werden. Da man diese Hälfte hier aber 4 mahl nehmen muß, so kann besser das ganze Product sogleich doppelt genommen werden, denn das Vierfach der Hälfte ist das Doppelte des Ganzen; z B. bei 8 g. L. ist die Anzahl der Durchschnittspuncte $= \frac{7 \cdot 8}{2}$, die Zahl der Winkel $= 4 \cdot \frac{7 \cdot 8}{2}$ $= 2 \cdot 7 \cdot 8$

Eine andre Ansicht dieser Sache bei welcher die Zahl der Winkel von der Zahl der Durchschnittspuncte unabhängig wird, wird sich weiter unten zeigen.

15.

Verbindung gleichlaufender und ungleichlaufender Linien, von denen nirgend mehr als 2 durch Einen Punct gehen, in Beziehung auf die Zahl der Winkel.

Verbindet man gleichlaufende und ungleichlaufende Linien, von denen nirgend mehr als 2 durch Einen Punct gehen, in Beziehung auf die Anzahl der Winkel, so erhält man stets an jedem Durchschnittspuncte 4 Winkel. Die Zahl der Winkel hängt daher von der Zahl der Durchschnittspuncte ab, die nach §. 5. gefunden wird, und deren Vierfaches man nur zu nehmen hat, um die Zahl der entstehenden Winkel zu erhalten. Doch kann die am Ende des vorigen §. angemerkte Abkürzung bei dieser Berechnung jedesmal angebracht werden.

Wenn von 3 g. L. 2 gleichlaufend sind, so entstehen 8 Winkel.

Wenn von 4 g. L. 3 gleichlaufend sind, so entstehen 12 Winkel.

Wenn von 5 g. L. 4 gleichlaufend sind, so entstehen 16 Winkel.

Wenn von 6 g. L. 5 gleichlaufend sind, so entstehen 20 Winkel, u. s. w.

Wenn von 4 g. L. 2 gleichlauf. sind, und nirgend mehr als 2 durch Einen Punct gehen, so entstehen 20 Winkel.

Wenn von 5 g. L. 2 gleichlauf. sind, und nirgend mehr als 2 durch Einen Punct gehen, so entstehen 36 Winkel.

Wenn von 5 g. L. 3 gleichlauf. sind, und nirgend mehr als 2 durch Einen Punct gehen, so entstehen 28 Winkel.

Wenn von 6 g. L. 2 gleichlauf. sind, und nirgend mehr als 2 durch Einen Punct gehen, so entstehen 56 Winkel.

Wenn von 6 g. L. 3 gleichlauf. sind, und nirgend mehr als 2 durch Einen Punct gehen, so entstehen 48 Winkel.

Wenn von 6 g. L. 4 gleichlauf. sind, und nirgend mehr als 2 durch Einen Punct gehen, so entstehen 36 Winkel, u. s. w.

Wenn von 7 g. L. 5 gleichlaufend sind, so können sie höchstens 44 Winkel bilden.

Aufl. 1. — Die 5 gleichlaufenden bilden gar keine Winkel mit einander. Die 6te kann mit jeder von den 5 gleichlaufenden 4, mit allen also 20 Winkel bilden. Die 7te kann mit jeder der 6 vorhandenen 4, mit allen also 24 Winkel bilden. 20 + 24 = 44.

Aufl. 2. — 7 g. L. können höchstens 84 Winkel bilden (§. 14). Nun sind 5 gleichlaufend, bilden also keine Winkel, da sie doch (nach §. 14) 40 Winkel unter sich bilden könnten. 84 — 40 = 44.

16.

Verbindung ungleichlaufender Linien, von denen auch mehr als 2 durch Einen Punct gehen, in Beziehung auf die Zahl der ungetheilten Winkel.

L. Wenn von 4 g. L. 3 durch Einen Punct gehen, wie viel Winkel kann es dann höchstens geben?

Kr. Wenn von .... höchstens 18 Winkel...

Aufl. 1. — Die 3 L., welche durch Einen Punct gehen, bilden 6 Winkel (nach §. 13). Die 4te Linie kann mit jeder der 3 vorhandenen 4 Winkel, überhaupt also 12 Winkel bilden. 6 + 12 = 18.

Aufl. 2. 4 g. L. könnten 24 Winkel bilden.

Die 3, welche durch Einen Punct gehen, könnten 12 Winkel bilden, bilden aber nur 6. Es entstehen also 6 Winkel weniger, als aus der gegebenen Anzahl von Linien überhaupt entstehen könnten. 24 — 6 = 18.

Wenn von 5 g. L. 4 durch Einen Punct gehen, so giebt es höchstens 24 ungetheilte Winkel.

Wenn von 6 g. L. 5 durch Einen Punct gehen, so giebt es höchstens 30 ungetheilte Winkel.

Wenn von 7 g. L. 6 durch Einen Punct gehen, so giebt es höchstens 36 ungetheilte Winkel.

Wenn von 8 g. L. 7 durch Einen Punct gehen, so giebt es höchstens 42 ungetheilte Winkel, u. s. w.

Wenn von 5 g. L. 3 durch Einen Punct gehen, und keine gleichlaufend sind, so giebt es 34 ungetheilte Winkel.

Wenn von 6 g. L. 4 durch Einen Pnnct gehen, und keine gleichlaufend sind, so giebt es 44 ungetheilte Winkel.

Wenn von 6 g. L. 3 durch Einen Punct gehen, und keine gleichlaufend sind, so gieb es 54 ungetheilte Winkel.

Wenn von 7 g. L. 5 durch Einen Punct gehen, und keine gleichlaufend sind, so giebt es 54 ungetheilte Winkel.

Wenn von 7 g. L. 4 durch Einen Punct gehen, und keine gleichlaufend sind, so giebt es 68 ungetheilte Winkel.

Wenn von 7 g. L. 3 durch Einen Punct gehen, und keine gleichlaufend sind, so giebt es 78 ungetheilte Winkel, u. s. w.

Wenn von 9 g. L. 7 durch Einen Punct gehen, so können sie höchstens 74 Winkel bilden.

Aufl. 1. — Die 7 L., welche durch Einen Punct gehen, bilden 14 Winkel (§. 13). Die 8te Linie bildet mit jeder der vorhandenen 4 Winkel, überhaupt also 28 Winkel. Die 9te bildet auf gleiche Weise mit den 8 vorhandenen 32 Winkel. 14 + 28 + 32 = 74.

Aufl. 2. — 9 g. L. könnten überhaupt 144 Winkel bilden (§. 14). Die 7, welche durch Einen Punct gehen, würden dann 84 Winkel unter sich bilden, bilden hier aber nur 14, also 70 weniger, als sie bilden könnten. 144 — 70 = 74.

Wenn von 7 g. L. 4 durch Einen Punct, und 4 durch einen andern Punct gehen, so bilden sie höchstens 52 Winkel.

Aufl. 1. — Die 4 g. L., welche durch den ersten Punct gehen, bilden unter sich 8 Winkel, und eben so die durch den 2ten

Punct. Eine von den 7 g. L. muß durch die beiden Puncte gehen, und kann daher von keiner Linie außer denselben weiter geschnitten werden. Jede von den 3 übrigen, welche durch den ersten Punct gehen, kann jede der 3 übrigen durch den 2ten Punct schneiden, und bildet dann mit ihr 4 Winkel, zusammen 3 . 3 . 4 = 36 Winkel. Ueberhaupt entstehen also 8 + 8 + 36 = 52 Winkel.

Aufl. 2. — 7 g. L. könnten überhaupt 2 . 6 . 7 = 84 Winkel bilden. Die 4, welche durch den ersten Punct gehen, und unter sich 2 . 3 . 4 = 24 Winkel bilden könnten, bilden aber nur 8, also 16 Winkel weniger. Eben so die 4 durch den zweiten Punct. 84 — 16 — 16 = 52.

17.

Verbindung gleichlaufender und ungleichlaufender, von denen auch mehr als 2 durch Einen Punct gehen, in Beziehung auf die Zahl der ungetheilten Winkel.

L. Wenn von 4 g. L. 2 gleichlaufend sind, und 3 durch Einen Punct gehen, wie viel ungetheilte Winkel bilden sie denn?

Kr. Wenn . . . . 14 Winkel.

Aufl. 1. — Die 3 Linien, welche durch Einen Punct gehen, bilden 6 ungetheilte Winkel. Die 4te muß mit einer gleichlaufend sein, kann also nur die beiden übrigen durchschneiden. Mit jeder bildet sie 4, zusammen 8 Winkel. Es entstehen also überhaupt 6 + 8 = 14 Winkel.

Aufl. 2. — Die 4 g. L. können 2 . 3 . 4 = 24 Winkel bilden. Dann würden die 2 gleichlaufenden unter sich 4, und die 3 durch Einen Punct unter sich 12 Winkel bilden. Erstere bilden aber gar keine, und letztere nur 6 Winkel, daher entstehen 10 Winkel weniger als entstehen könnten. 24 — 10 = 14.

Wenn von 5 g. L. 3 gleichlaufend sind, und 3 durch Einen Punct gehen, so bilden sie überhaupt 22 ungetheilte Winkel.

Wenn von 5 g. L. 2 gleichlaufend sind, und 3 durch Einen Punct gehen, so bilden sie überhaupt 30 ungetheilte Winkel.

Wenn von 6 g. L. 4 gleichlaufend sind, und 3 durch Einen Punct gehen, so bilden sie überhaupt 30 ungetheilte Winkel.

Wenn von 6 g. L. 3 gleichlanfend sind, und 3 durch Einen Punct gehen, so bilden sie überhaupt 42 ungetheilte Winkel.

Wenn von 6 g. L. 3 gleichlaufend sind, und 4 durch Einen Punct gehen, so bilden sie überhaupt 32 ungetheilte Winkel.

Wenn von 6 g. L. 2 gleichlaufend sind, und 3 durch Einen Punct gehen, so bilden sie überhaupt 50 ungetheilte Winkel.

Wenn von 6 g. L. 2 gleichlaufend sind, und 4 durch Einen Punct gehen, so bilden sie überhaupt 40 ungetheilte Winkel.

Wenn von 6 g. L. 2 gleichlaufend sind, und 5 durch Einen Punct gehen, so bilden sie überhaupt 26 ungetheilte Winkel, u. s. w.

18.

Verbindung gerader Linien in Beziehung auf die Zahl der Winkel überhaupt.

L. Untersucht, wie viel Winkel 3 gerade Linien bilden können, die sich in Einem Puncte durchschneiden. Zählt hierbei aber auch diejenigen Winkel mit, welche aus 2 andern bestehen, oder welche getheilt sind. — Wie viel Winkel habt ihr gefunden?

Kr. 3 g. L. .... 12 getheilte und ungetheilte Winkel.

L. (zeichnet F. 17. an die Tafel). Nennet mir zuerst die ungetheilten Winkel, indem ihr mit b a c anfangt, und rechts herumgeht.

Kr. — b a c, c a d, d a e u. s. w.

L. Jetzt nennt mir die getheilten, und fangt bei b a d an.

Kr. — bad, cae, daf, eag, fab, gac.

Allgemeinere Auflösung. — Die beiden ersten g. L. bilden 4 Winkel: Kommt nun die dritte hinzu, so bildet sie mit jeder von den vorhandenen auch 4 Winkel, folglich entstehen 1.4 + 2.4 = 12 Winkel.

Es wird hier der Ort sein, darauf aufmerksam zu machen, daß überhaupt jede 2 gerade Linien, welche sich durchschneiden, ihrer Richtung nach auf vierfache Weise auf einander bezogen werden können, und daß die Winkel die Ausdrücke dieser Beziehungen sind, wie in der Ueberschrift zu §. 12. schon angedeutet wurde. Mögen die Linien sich nun in Einem Puncte, oder in mehrern durchschneiden, so kann dieses gar keinen Unterschied machen. Sieht man also auf die Anzahl sämmtlicher (getheilter und ungetheilter) Winkel, so werden die Aufgaben §. 16 und 17 wieder um vieles einfacher. — Wenn die Kinder im allgemeinen Verbinden (Combiniren) geübt sind, so würde sich auch folgende Zweite Auflösung geben lassen.

3 g. L. bilden 6 Strahlen, wenn sie durch Einen Punct gehen. Diese lassen sich in 15 Paare zusammenordnen. Jedes Paar Strahlen bildet einen Winkel (denn man kann ja ihre Abweichung in der Richtung betrachten), diejenigen Strahlenpaare ausgenommen, welche eine gerade entgegengesetzte Richtung haben, oder welche eine gerade Linie ausmachen. Nun sind hier 3 g. L., folglich müssen von den obigen 15 Strahlenpaaren 3 abgerechnet werden, die keine Winkel bilden. 15 — 3 = 12.

Wie viel Winkel bilden 4, 5, 6, 7 zc. g. L., welche sich in Einem Puncte durchschneiden, wenn man auch die getheilten Winkel mitrechnet?

Antw. 4 g. L. bilden 24; 5 bilden 40; 6 bilden 60; 7 bilden 84; 8 bilden 112, u. s. w.

Wenn von 7 g. L. 3, 4, 5, 6 durch Einen Punct gehen, wie viel Winkel können sie höchstens bilden?

Antw. 7 g. L. können höchstens 84 Winkel bilden, es mögen mehr als 2 durch Einen Punct gehen, oder nicht.

Von 8 g. L. sind 4 gleichlaufend, und 5 gehen durch Einen Punct, wie viel Winkel bilden sie?

Antw. 2.7.8 — 2.3.4 = 88.

Mehrere Fragen können aus §. 15. genommen werden. Auflösung und Antwort sind mit den dortigen ganz gleich, da die Zahl der Linien, die durch Einen Punct gehen, keinen Einfluß auf die Zahl der Winkel hat.

19.

Verbindung der Winkel ihrer Lage nach.

Stetige Winkel.

L. Zeichnet 3 g. L. durch Einen Punct. R. — Kr. t. (Der Lehrer zeichnet F. 17. an die Wandtafel.)

L. Welches sind die beiden Schenkel dieses Winkels (z. — b a c)? R. — W. — Kr. a.

— Welches sind die beiden Schenkel jenes Winkels? (z. — c a d) R. — W. — Kr. a.

— Welches ist der Scheitelpunct dieses Winkels? (z — b a c) R. — W. — Kr. a.

— Welches ist der Scheitelpunct jenes Winkels? (z. — c a d) R. — W. — Kr. a.

— Was haben beide Winkel mit einander gemein? R. — N. —

K. Die beiden Winkel haben einen gemeinschaftlichen Scheitelpunct, und einen gemeinschaftlichen Schenkel.

L. Welches ist der gemeinschaftliche Schenkel? R. — W. — Kr. a.

Kr. Der gemeinschaftliche Schenkel dieser beiden Winkel ist a c.

L. Welches ist der gemeinschaftliche Schenkel dieser Winkel? (z. — b a g u. g a f.) R. — W. — Kr. a. u. s. w.

— Zeichnet 4 g. L., welche sich in Einem Puncte durchschneiden. F. 18. R. Kr. t.

— Was haben diese beiden Winkel mit einander gemein? (z. — a u. b.) R. — W. — Kr a.

Kr. Die beiden Winkel haben einen gemeinschaftlichen Schenkel und Scheitelpunct.

L. Was haben diese beiden Winkel mit einander gemein? (z. — c und d.) u. s. w.

L. Was haben also überhaupt jede 2 an einander liegende Winkel in dieser Zeichnung gemein? R. — W. — Kr. a.

Kr. Jede 2 an einander liegende Winkel haben einen gemeinschaftlichen Schenkel, und einen gemeinschaftlichen Scheitelpunct.

L. Winkel, welche eine solche Lage haben, daß jede 2 an einander liegende einen gemeinschaftlichen Scheitelpunct, und einen gemeinschaftlichen Schenkel haben, nennt man, ihrer Lage nach, stetige Winkel. R. — W. — Kr. w.

— Was für Winkel sind also diese beiden? (z. — bac u. cad od. cad u. dac u. s. w.) — oder diese 3? (z. — bac, cad und dae u. s. w.) — diese 4? ꝛc.

— Zeigt mir an dieser Zeichnung 2 (3, 4) stetige Winkel! R. — N. — Eins von den Kindern steht auf, um dieses zu thun, dann wird ein anderes aufgerufen.

20.

Eintheilung der stetigen Winkel.

L. Was bilden die beiden äußersten Schenkel dieser beiden stetigen Winkel? (z. — bac u. cad F. 17.) R. — W.

Kr. Die beiden äußersten Schenkel dieser Winkel bilden auch einen Winkel mit einander. — b a d.

L. Was haben die beiden stetigen Winkel in Beziehung auf diesen Winkel für eine Lage? R. — N. —

Kr. — — Sie liegen in demselben

L. Liegt außer den beiden stetigen Winkeln noch ein andrer in demselben? — was kann man also von ihnen sagen?

Kr. Es liegt außer den beiden stetigen Winkeln kein andrer in demselben, und sie machen ihn daher aus, oder sie erfüllen ihn.

L. Man nennt sie daher **stetige Winkel eines Winkels.**

Eben so mit andern, und auch mit mehr als 2 stetigen Winkeln, z. B. a, b und c. F. 18.

— **Stetige Winkel eines Winkels sind solche, die zusammengenommen einen Winkel ausmachen.** R. — W. — K. w.

L. Was für Winkel sind diese (—. — **gab, bac, cad.** F. 17.) ihrer Lage nach? R. — N. — (stetige Winkel.)

— Was bilden die beiden äußersten Schenkel dieser Winkel mit einander? R. N. — (eine g. L.)

L. Man nennt sie daher stetige Winkel an einer geraden Linie. — Könnt ihr mir nun sagen, was man unter stetigen Winkeln an einer geraden Linie versteht? R — N. —

(Der Lehrer fordert die Erklärung der übrigen Schüler über die Richtigkeit dessen, was der erste sagt, und berichtiget, wenn es nöthig ist.)

— Stetige Winkel an einer g. L sind solche, deren äußerste Schenkel in einer g. L. liegen (oder genau entgegengesetzt gerichtet sind) R. — W. — K. w.

— Zeigt mir in dieser Zeichnung stetige Winkel an einer g. L.

— Was sind a, b, c; a, b, c, d u. s. w. F. 18 für Winkel ihrer Lage nach?

Eben so wird mit dem folgenden verfahren.

Alle stetige Winkel, welche einen Punct nach allen Seiten umgeben, nennt man stetige Winkel um einen Punct

Stetige Winkel, deren äußerste Schenkel zwar auch einen Winkel bilden, wie b a g, g a f, f a e und e a d, heißen in dem Falle stetige Winkel um einen Winkel, wenn sie nicht in demselben liegen.

Uebung.

L. Was für Winkel sind diese 6, die ihr hier seht, ihrer Lage nach? (F. 17.) — Stetige Winkel.

— Was für stetige Winkel sind es? — Stetige Winkel um einen Punct.

— Sagt mir jedesmal, wenn ich euch stetige Winkel zeige, ob es stetige Winkel eines Winkels, oder an einer g. L., oder um einen Winkel, oder um einen Punct sind.

L. 1. z. — a, b — a, b, c — c, d, e u. s. w. F. 18.

— 2. z. — a, b, c, d — c, d, e, f u. s. w.

— 3. z. — a, b, c, d, e — c, d, e, f, g u. s. w.

Der Lehrer muß mit Fragen aus No. 1, 2, 3, abwechseln. Uebrigens muß hierbei die vollkommenste Stille herrschen, die bei dergleichen Uebungen auch wohl von selbst einzutreten pflegt. — Der Lehrer kann sich zum Zeigen eines Stäbchens bedienen, um damit zugleich durch den kleinen Schall, den die Bewegung des Stäbchens gegen die Schultafel verursacht, die Aufmerksamkeit, so oft er etwas Neues zeigt, wieder zu erregen. Gesprochen wird hierbei von beiden Seiten gar nicht, außer daß der Lehrer, so oft er etwas gezeigt hat, den Namen eines Schülers, und dieser den Namen der Winkel nennt.

Die Uebung kann mit andern Zeichnungen fortgesetzt, oder es können von der vorhandenen einige Schenkel weggelöscht und andre hinzugesetzt werden.

21.

Nebenwinkel und Scheitelwinkel.

L. Zeichnet 2 g. L., welche sich durchschneiden. Kr. t. F. 19.

— Was für Winkel sind a, b, c, d ihrer Lage nach? u. s. w.

Hier sind 4 Winkel; alle 4 sind ihrer Lage nach stetige Winkel um einen Punct; jede 3 sind stetige Winkel eines Winkels; und jede 2 stetige Winkel sind stetige Winkel an einer g. L. (§. 20.)

Zwei stetige Winkel an einer g. L. heißen Nebenwinkel, oder

Nebenwinkel sind 2 Winkel, die einen gemeinschaftlichen Schenkel und Scheitelpunct haben, und deren beide andre Schenkel nach gerade entgegengesetzten Richtungen liegen, oder eine g. L. bilden.

Anm. Das Wesentliche der Nebenwinkel besteht also eigentlich darin, daß man die Abweichung der Richtung eines Schenkels von den beiden entgegengesetzten Schenkeln, in welche eine g. L. zerfällt, zugleich ins Auge faßt.

Vier Winkel lassen sich in 6 Winkelpaare zusammenordnen. Diese sind ab, bc, cd, ad, ac und bd. Die 4 ersten von diesen 6 Winkelpaaren sind Nebenwinkel. Die beiden letzten Winkelpaare, nämlich ac und bd nennt man Scheitelwinkel.

Die Schenkel der Scheitelwinkel gehören zu denselben geraden Linien, doch haben sie außerdem weiter nichts als den Scheitelpunct gemein. — Wenn also 2 Schenkel einen Winkel bilden, so bilden die gerade entgegengesetzt gerichteten Schenkel den Scheitelwinkel desselben.

Scheitelwinkel sind solche, deren Schenkel gerade entgegengesetzt gerichtet sind.

Anm. Das Wesen der Scheitelwinkel besteht also eigentlich darin, daß man die Abweichung der Richtung zweier Schenkel und der ihnen entgegengesetzten ins Auge faßt.

Uebung.

L. Welches ist der Scheitelwinkel dieses Winkels? z. — b. F. 19. R. N. — z. — a. R. - N. -

— Welches sind die Nebenwinkel desselben? R. — N. —

L. Ich werde euch jetzt, ohne weiter zu fragen, 2 Winkel zeigen. Derjenige, dessen Namen ich nenne, sagt mir jedesmal, was für ein Paar die gezeigten Winkel ausmachen.

z. — a, d (F. 19.) R. - N. - a, c - b, c - b, d u. s. w.

Der Lehrer bedient sich zu diesen Uebungen auch solcher Figuren, die durch den Durchschnitt von mehr als 2 g. L. entstehen, z. B. F. 17, und zeigt auch Winkel, die aus mehrern andern bestehen. Dieses geschieht, indem er von dem einen Schenkel bis zum andern mit dem Stäbchen einen Bogen beschreibt.

L. z. — gac und cad. R. — N. — (Nebenwinkel.)

— z. — gab und dae. — bad und gae u. s. w.

Daß man Winkelpaare, wie bag und cad nicht benannt hat, davon läßt sich der Grund zwar erst in der Größenlehre einsehen, allein es läßt sich den Kindern, wenn sie hierauf kommen sollten, doch so viel klar machen, daß man bag größer und kleiner machen könne, ohne daß diese Veränderung auf cad den mindesten Einfluß hätte, daß also cad von bag weder unmittelbar noch mittelbar abhängig sei.

Uebung im Kopfe,

d. h. ohne daß Figuren gezeichnet werden.

Vorläufige Bemerkung. — Die Uebungen dieser Art sind von vorzüglichem Nutzen, und müssen, wo sie sich anstellen lassen, niemals versäumt werden. Es muß dabei die vollkommenste Stille herrschen. Der Lehrer wird wohl thun, wenn auch er auf derselben Stelle bleibt, und nicht in der Schulstube herumgeht. Er muß jedesmal nur wenig dictiren, und über das Dictirte viel und rasch fragen. Erst wenn das vorher dictirte dadurch in der Anschauung zur vollkommensten Klarheit gebracht ist, kann er wieder fortfahren. Es ist hierbei den Kindern erlaubt, und der Lehrer kann sie sogar dazu ermuntern, die dictirten Linien mit dem Finger in die Luft zu zeichnen. Da dies indeß anfangs nicht ohne Störung abgehen mögte, so kann er es auch bis zu folgenden ähnlichen Uebungen verschieben. Haben sie an denselben, wie es bald zu geschehen pflegt, nur erst Gefallen gefunden, so fällt die Störung dann von selbst weg.

L. Legt eure Geräthschaften zum Zeichnen bei Seite; die Linien, welche ich euch jetzt dictire, denkt ihr euch blos.

— Denkt euch eine wagrechte Linie. R.

— Irgendwo in derselben denkt euch einen Punct. R.

— In wie viel Theile zerfällt dadurch die g. L.? R. — N.

— Wie nennt man einen solchen Theil?

— Wohin ist der eine Schenkel gerichtet? (rechts.)

L. Wohin ist der andere Schenkel gerichtet? (links.)

— Von dem gesetzten Puncte aus denkt euch links abwärts eine g. L.
— Ist dieses, genau genommen, eine vollständige Linie?
Kr. Nein, es ist nur ein Strahl.
L. Wie viel Strahlen hab't ihr also jetzt?
— Wohin sind sie gerichtet?
— Wie viel Winkel bilden sie?
— Welches sind die Schenkel des Winkels auf der rechten Seite? — welches die auf der linken Seite?
— Was für ein Winkelpaar bilden diese Winkel?

— Verlängert jetzt den schrägen Schenkel nach oben zu!
— Wie viel g. L. habt ihr jetzt?
— In wie vielen Puncten durchschneiden sie sich?
— Wie viel Winkel bilden sie mit einander?
— Wie viel Schenkel bilden sie?
— Zu wie vielen Winkeln gehört jeder Schenkel?
— Wie könnt ihr mir die örtliche Lage dieser 4 Winkel bezeichnen? — (der rechte obere, der linke obere, der rechte untere, der linke untere.)

L. Was für ein Winkelpaar sind die beiden obern? die beiden untern? die beiden auf der rechten Seite der schrägen? die auf der linken Seite der schrägen?

— Was für ein Winkelpaar sind der rechte obere und der linke untere? der linke obere, und rechte untere? —

Eben so kann der Lehrer eine senkrechte und eine schräge, oder 2 schräge Linien dictiren, und dieses auf dieselbe Art behandeln.

22.

Verbindung der Winkel an 2 Puncten, ihrer Lage nach.

L. Zeichnet 3 g. L, welche sich in 2 Puncten durchschneiden?

— Wie sind diese Linien gerichtet? (2 gleichlaufend, und Eine ungleichlaufend.)

— Wie viel Winkel bilden sie mit einander?

— In wie viel Paare lassen sich diese 8 Winkel zusammenordnen?

— Wie viele von diesen Winkelpaaren sind Nebenwinkel? wie viele Scheitelwinkel?

— Giebt es außer diesen noch Winkelpaare, deren beide Winkel an demselben Puncte liegen? u. s. w.

Wenn sich 3 g. L. in 2 Puncten durchschneiden, so bilden sie 8 Winkel, welche sich in 28 Winkelpaare zusammenordnen lassen. 8 von diesen Winkelpaaren sind Nebenwinkel, und 4 sind Scheitelwinkel. (Nebenwinkel sind in F. 20: a x, a u, b x, b a — c y, c z, d y, d z. Scheitelwinkel sind: a b, u x — c d, y z.)

Die Winkel, aus denen die übrigen Paare bestehen, liegen an beiden Puncten. Um diese gehörig unterscheiden zu können, muß man sich merken, daß diejenigen Winkel, welche zwischen den beiden durchschnittenen (hier gleichlaufenden) Linien liegen, innere (x, b, c, y), die übrigen äußere (a u, z, d) Winkel genannt werden. — Ferner nennt man 2 Winkel, welche auf derselben Seite der durchschneidenden (ungleichlaufenden) Linie an verschiedenen Puncten liegen, entgegengesetzte (a c, a z, x c u s w.), 2 solche aber, welche an verschiedenen Seiten derselben an beiden Puncten liegen, Wechselswinkel (b c, x y, a d, a y u s w) Hieraus ergeben sich folgende Benennungen der noch übrigen 16 Winkelpaare.

a z, u b sind äußere entgegengesetzte Winkel,
x c, b y innere entgegengesetzte,
a c, x z, u y, b d äußere und innere entgegengesetzte oder gleichliegende Winkel.
a d, u z äußere Wechselswinkel,
b c, x y innere Wechselswinkel,

a y, u c, b z, x d äußere und innere Wechselswinkel.

Diese haben eigentlich gar keinen Namen. Wenn daher künftig von Wechselswinkeln schlechthin die Rede ist, so werden diese nicht mit verstanden.

Wenn auch die beiden durchschnittenen Linien nicht gleichlaufend sind, so behalten die Winkel dennoch dieselben Namen; man muß nämlich alsdann den dritten Punct gänzlich außer Acht lassen (In der Zeichnung kann man die Striche sich nur in 2 Puncten durchschneiden lassen.) F. 21

Die hier anzustellenden Uebungen bestehen theils darin, daß der Lehrer 2 Winkel der Zeichnung an der Schultafel zeigt, und sie von den Schülern als Paar benennen läßt; theils darin, daß er nur Einen Winkel zeigt und sich von den Schülern den dazu gehörigen Winkel angeben läßt. Z. B. welches ist der innere entgegengesetzte dieses Winkels? Nennet mir jetzt immer den Wechselswinkel des Winkels, den ich euch zeige! u. s. w.

Uebrigens muß er der Zeichnung bald diese, bald jene Lage geben, und die beiden durchschnittenen Linien bald gleichlaufend, bald ungleichlaufend machen, Schenkel weglassen, Linien zusetzen, bis die Kinder in Aufsuchung dieser Winkelpaare geübt sind, wobei nur zu bemerken ist, daß Winkelpaare, die nicht von 3, sondern von 4 g. L. gebildet werden, nach dem Vorigen noch gar nicht benannt werden können. F. 22 bis 25. mögten sich zu Uebungen dieser Art eignen. In der letzten sind c, e gleichliegende, d, b Wechselswinkel an gleichlaufenden, a, b — a, c innere entgegengesetzte an ungleichlaufenden, c, d können als Paar hier nicht benannt werden, weil sie nicht von 3, sondern von 4 g. L. gebildet sind.

Uebung im Kopfe.

(Vergleiche §. 21.)

L. Denkt euch eine senkrechte Linie. —

— Neben dieser denkt euch eine zweite senkrechte Linie. —

— Wie viel g. L. habt ihr jetzt?

— Wie sind sie gerichtet, gleich oder ungleich?

— Können sie sich also durchschneiden?

— Bilden sie Winkel mit einander? warum nicht?

— Denkt euch jetzt eine wagrechte Linie in derselben Ebene, worin die senkrechten sind. —

— Wie viel Linien habt ihr jetzt?

— Wie viel senkrechte? wie viel wagrechte? wie viel schräge?

— In wie vielen Puncten durchschneiden sie sich?

— Wie liegen diese Puncte neben einander? (wagrecht.)

L. Wie könnte man beide Puncte also wohl nennen, wenn man sie unterscheiden wollte? (den linken und rechten.)

— Wie viel Winkel bilden die Linien an dem linken Durchschnittspuncte?

— Wie viel .... an dem rechten ..?

— Wie nennt man die Winkel, welche zwischen den beiden senkrechten Linien liegen? (innere)

— Wie die, welche nicht zwischen den senkrechten liegen?

— Beschreibt mir die Lage der beiden Winkel, welche außen an der linken senkrechten liegen?

K. Der eine ist am linken Puncte der linke obere, der andere ist am linken Puncte der linke untere.

Eben so läßt sich der Lehrer mehrere Winkel ihrer Lage nach beschreiben, damit die Kinder in der Figur zuerst recht einheimisch werden. Ist er nun hiervon überzeugt, so richtet er Fragen an die Kinder über die Winkelpaare auf ähnliche Weise, wie oben an gezeichneten Linienverbindungen gezeigt ist; z. B.

L. Sucht euch auch am linken Puncte den linken obern. R. — habt ihr ihn?

— Ferner am rechten Puncte den rechten obern. — R. —

— Was für ein Winkelpaar bilden sie mit einander?

L. Am linken Puncte der rechte obere — R. — und am rechten Puncte der linke untere — R — was für ein Winkelpaar bilden sie mit einander? u. s. w.

Oder:

— Denkt euch am linken Puncte den linken obern — R. — Wo liegt sein äußerer entgegengesetzter Winkel? der gleichliegende? der Wechselswinkel? der Scheitelwinkel? die Nebenwinkel? u. s. w.

— In wie viel Winkelpaare kann man die 4 über der wagrechten Linie zusammenordnen? was sind es für 6 Winkelpaare? u. s. w.

23.

Wiederholung.

Es soll hier an einer willkührlich gewählten Zeichnung eine Wiederholung des Wichtigsten aus diesem ganzen Abschnitt angestellt werden. Wenn diese an Einer und derselben Zeichnung geschieht, so hat der Schüler davon noch den Vortheil, daß er auch jede andre Zeichnung nach allen Ansichten betrachten lernt, da im bisherigen bei jeder neuen Erklärung auch größtentheils eine neue Zeichnung gebraucht wurde.

Der Lehrer zeichnet F. 26. an die Tafel, und sagt den Kindern, daß sie sich dieselbe abzeichnen können.

L. Was ist das, was ich hier gezeichnet habe? (indem er einige Striche mit der Kreide wiederholt.)

Kr. Es sind 4 Striche.

L. Könnt ihr euch unter diesen 4 Strichen wohl 4 g. L. vorstellen? was müßt ihr euch alsdann davon wegdenken und was müßt ihr euch hinzudenken? (Vorübungen 2. Abschn §. 11)

Kr. Wir müssen uns vorstellen, daß die Striche keine Breite und Dicke hätten, daß sie aber unendlich lang wären.

L. Wir wollen künftig von dieser Zeichnung so sprechen, als ob sie aus lauter g. L. bestände.

— Bemerkt ihr hier g. L., welche gleiche Richtung haben? Wie nennt man solche Linien? (§. 1.) Können sie sich irgendwo durchschneiden? (ebendas.)

— Wie viele gleichlaufende Linien kann man wenigstens und höchstens haben? — Wie sind die beiden andern Linien in dieser Zeichnung gerichtet? — Wie nennt man sie also? Mit wie vielen ist jede von diesen 4 Linien gleichlaufend, mit wie vielen ungleichlaufend? — Wie viele von 4 g. L. können überhaupt gleichlaufend, wie viele ungleichlaufend sein? (Ueber alle diese Fragen vergleiche §. 2.)

— In wie vielen Puncten durchschneiden sich diese 4 g. L.? — In wie vielen Puncten können sich 4 g. L. höchstens durchschneiden? (§. 3.) Woher kommt es, daß hier nur 5

Durchschnittspuncte sind? (§ 7. Aufl. 1 u. 2.) Welches sind die 3 g L., welche durch Einen Punct gehen? — Können sich diese noch anderswo durchschneiden? §. 4.) In wie vielen Puncten würden sie sich durchschneiden, wenn sie nicht durch denselben Punct giengen? Wie viel Durchschnittspuncte gehen also dadurch verloren, daß diese 3 durch Einen Punct gehen? (§. 6.) Es müßten also noch 4 Durchschnittspuncte da sein; woher kommts, daß nur 3 da sind? (§. 5.)

L. In was für einer Ebene befindet sich diese Zeichnung hier an der Wandtafel? (Vorübungen Abschn. 2. §. 5, 6 u. 8.) Wenn man von dem Puncte p (der Lehrer zeigt immer, ohne Buchstaben zu nennen) ausgeht, wohin ist die Linie ab gerichtet? (pb rechts aufwärts, pa links abwärts. das. §. 3). Wie könnt ihr mir das Verhältniß dieser beiden Richtungen ausdrücken? — Wenn ihr euch diese g. L. von dem Puncte p aus blos nach dieser Richtung hinaus vorstellt, kann man sie genau genommen dann noch eine Linie nennen? wie muß man sie dann nennen? (§. 8.)

— Wie viel Strahlen bildet diese g. L.? (ab). Durch wie viele Durchschnittspuncte geht ef? Wie viel Strahlen bildet sie also? Wie viel Strahlen bilden alle 4 Linien überhaupt? (Sie bilden 14 Strahlen, §. 8, 9, 10).

L. Sind die beiden Strahlen pf und pb gleich gerichtet? Wie nennt man ihre Abweichung in der Richtung? (§. 11.) Wie heißen die beiden Strahlen in Beziehung auf den Winkel, welchen sie bilden? (§. 11.) Wie heißt der Punct p in Beziehung auf den Winkel? Wie muß derselbe mit Buchstaben bezeichnet werden? Wie kann man denselben vollständig errichten (construiren)? (§. 11.) — So mit mehrern Winkeln.

— Sagt mir, wie viel Winkel 4 g. L. höchstens bilden können? (§. 14.) Wie viel Winkel bilden sie hier, wenn man blos die ungetheilten rechnet? (§ 16.) Wie viel g. L. sind gleichlaufend? — Wie viel Winkel hat man daher weniger? — Gehen durch Einen Punct mehr als 2 g. L.? Wie viel Winkel hat man daher aus diesem Grunde weniger? Wenn man die getheilten Winkel mitrechnet, wie viel Winkel sind dann überhaupt in dieser Zeichnung vorhanden? (§. 12 — 18).

— Was haben jede 2 an einander liegende Winkel, am Puncte p, mit einander gemein? Was sind es daher für Winkel ihrer Lage nach? (Lehrer zeigt mit einem Stäbchen i, h. (F. 27) R. — N. — i, h g? h g f e? e f g h i k? a b c d? a b c? u. s. w (§. 19 u. 20.)

— Wie viel stetige Winkel an einer g. L. sind dieses? (z. — 10.) Wie nennt man diese? Worauf hat man dabei zu sehen, wenn man die beiden Winkel als Nebenwinkel ins Auge faßt? (auf die Abweichung der Richtung des Schenkels qd von den beiden Schenkeln der g. L. gh.) — Wie nennt man diese? z. — lm — bc? k(l+h)? u. s w. Haben auch hk, als Paar betrachtet, einen besondern Namen? Aber he? Worauf sieht man hier, indem man he als Scheitelwinkel betrachtet? (auf die Abweichung in der Richtung zweier Schenkel, pb, pf. F. 26, und der ihnen entgegengesetzten pa, pe.) §. 21.

Statt den Kindern die Namen der Winkelpaare abzufordern, hätte der Lehrer auch die Erklärung der stetigen Winkel, Neben- und Scheitelwinkel von ihnen angeben, und diese von ihnen selbst zeigen lassen können, so wie im Folgenden.

L. Zeigt mir 2 Winkel, die an verschiedenen Puncten liegen, aber doch von 3 g. L. gebildet werden! Wie nennt man die Winkel, welche du mir gezeigt hast, in sofern man sie als ein Winkelpaar betrachtet? Warum sind es gleichliegende, entgegengesetzte, Wechselwinkel? (die Kinder müssen die Erklärung angeben). Zeige du mir jedes Paar gleichliegende Winkel an diesen beiden Puncten! — u. s. w. Was für ein Winkelpaar sind die beiden Winkel o und h? F. 27. Warum könnt ihr es nicht benennen? Von welchen beiden g. L. wird o gebildet? von welchen h? Von wie vielen g. L. werden also beide Winkel gebildet? — Was für ein Winkelpaar bilden diese beiden Winkel b und h? c und (f + g)? b und (e + k)? o und (k + e)? u. s. w. §. 22.

(Die g. L., welche zur Bildung der genannten Winkel nichts beiträgt, desgleichen der dritte Durchschnittspunct muß jedesmal weggedacht werden.)

Ebene räumliche Verbindungslehre.

Zweiter Abschnitt.

Das Verbinden gerader Linien in Beziehung auf die dadurch entstehenden Seiten und Figuren.

24.

Beziehung der Puncte in einer geraden Linie auf einander, und Angabe der zwischen denselben enthaltenen begrenzten Linien oder Strecken.

Wenn man in einer g. L. zwei Puncte setzt, so heißt das Stück der Linie zwischen diesen beiden Puncten eine Strecke *). Sie unterscheidet sich dadurch von der Linie und vom Schenkel, daß sie begrenzt nach beiden Seiten ist. Vom Striche unterscheidet sie sich dadurch, daß sie keine Breite und Dicke hat, also auch nur gedacht werden kann.

Wenn mehr als 2 Puncte in einer g. L. gesetzt werden, so kann gefragt werden, wie viel Strecken sich nun auf derselben angeben lassen. Man sieht leicht, daß jedes Stück der g. L. zwischen irgend 2 Puncten eine Strecke ist. Es werden sich also so viel Strecken auf einer g. L. angeben lassen, als Paare oder Gezweie von Puncten da sind. Setzt man z. B. die 3 Puncte a, b, c (F. 28), so ist klar, daß man auch 3 Strecken angeben kann, nämlich ab, ac, bc. Setzt man noch den vierten Punct d hinzu, so kann man außer den vorigen noch die 3 Strecken ad, bd, cd angeben, überhaupt also 6.

---

*) Es fehlt der Sprache an einem Worte zur besondern Bezeichnung der unendlichen und der begrenzten g. L. — Das Wort Linie haben wir schon in der ersten Bedeutung genommen. — Seite hat wieder eine besondere Beziehung auf die Figur, so wie Schenkel auf den Winkel. Das Wort Strecke ist in Ermangelung eines schicklichern gewählt, doch bleibt es jedem überlassen, dafür sogleich das Wort Seite, oder irgend ein anderes schickliches Wort zu gebrauchen.

Eben so findet sich, daß man

bei 5	Puncten	10,
〃 6	〃	15,
〃 7	〃	21,
〃 8	〃	28,
〃 9	〃	36,
〃 10	〃	45,
〃 11	〃	55,
〃 12	〃	66 Strecken in ei-

ner g. L. angeben kann, u. s. w.

(Man vergleiche hierüber §. 3. Zusatz.)

Frage: Wenn in einer g. L. 20 Puncte stehen, wie viel Strecken lassen sich alsdann auf derselben angeben?

Antw. Es lassen sich zwischen den 20 Durchschnittspuncten 190 verschiedene Strecken angeben.

Aufl. Jedes Stück der Linie zwischen irgend 2 Puncten ist eine Strecke. Von jedem der 20 Puncte aus kann man daher bis zu den 19 übrigen eine Strecke angeben. Man würde daher 20.19 Strecken erhalten, wenn hierbei nicht jede doppelt gerechnet wäre. Es muß deshalb von dem erhaltenen Producte die Hälfte genommen werden, und die ganze Anzahl der Strecken ist deshalb $\frac{20.19}{2} = 10.19 = 190$.

(Ständen die Puncte nicht in einer g. L., wären aber nach allen Seiten, d. h. jeder mit den 19 übrigen verbunden, so würde die Anzahl sämmtlicher so erhaltener Strecken, die sich nun aber vielfältig durchschnitten, eben so groß sein, als wenn die Puncte in einer g. L. stehen.)

25.

Verbindung ungleichlaufender Linien in Beziehung auf die höchste Anzahl der Strecken zwischen den Durchschnittspuncten.

Sieht man blos die Durchschnittspuncte als Grenzen der Strecken an, so ergiebt sich, daß 2 g. L. noch keine Strecken zwischen ihren Durchschnittspuncten bilden können; denn da sie sich blos in Einem Puncte durchschneiden können, so giebt es weder in der einen noch in der andern Linie ein Stück, welches nach beiden Seiten begrenzt wäre. Es entstehen also zwar Strahlen, aber keine Strecken.

Durchschneiden sich dagegen 3 g. L. in der höchsten Anzahl von Puncten, so entstehen 3 Strecken (F. 10). Jede Linie wird nämlich von beiden andern durchschnitten, erhält also 2 Durchschnittspuncte. Zwischen 2 Puncten läßt sich aber nur Eine Strecke angeben. Nun sind 3 Linien vorhanden, auf deren jeder sich eine Strecke angeben läßt; folglich lassen sich überhaupt auf allen 3 Linien 3 Strecken angeben.

Durchschneiden sich 4 g. L. in der höchsten Anzahl von Puncten, so entstehen 12 Strecken. Jede Linie wird nämlich von den 3 übrigen durchschnitten, erhält also 3 Durchschnittspuncte, und es lassen sich daher 3 Strecken auf jeder angeben. Nun sind 4 g. L. vorhanden, auf deren jeder sich 3 Strecken angeben lassen; man wird also überhaupt 12 Strecken angeben können.

Durchschneiden sich 3 g. L. in der höchsten Anzahl von Puncten, so entstehen 3 Strecken.

Unter denselben Bedingungen entstehen beim Durchschneiden von 4 g. L. 12 Strecken,

von 5 g. L.	30	=
von 6 g. L.	60	=
von 7 g. L.	105	=
von 8 g. L.	168	=
von 9 g. L.	252	=
von 10 g. L.	360	=

Frage. Wie viel Strecken entstehen zwischen den Durchschnittspuncten, wenn sich 21 g. L. in der höchsten Anzahl von Puncten durchschneiden?

Antw. Es lassen sich zwischen den Durchschnittspuncten von 21 g. L. 3990 Strecken angeben.

Aufl. Wenn sich 21 g. L. in der höchsten Anzahl von Puncten durchschneiden, so wird jede von den 20 übrigen durchschnitten, erhält also (nach §. 24) 190 Strecken. Lassen sich aber auf jeder Linie 190 Strecken angeben, so lassen sich auf 21 Linien 21.190 = 3990 Strecken angeben. (190 war $\frac{20.19}{2}$; 21.190 ist daher $\frac{21.20\,19}{2}$, woraus man sich die völlig unabhängige Regel für die Berechnung dieser Art von Aufgaben leicht entnehmen kann)

26.

Verbindung gleichlaufender und ungleichlaufender Linien in Beziehung auf die Zahl der Strecken zwischen den Durchschnittspuncten.

Man könnte bei der Aufsuchung der Strecken, welche eine gegebene Anzahl g. L. zwischen ihren Durchschnittspuncten bilden, nun noch die Bedingung machen, wie solches früher immer geschehen, daß 2, 3, oder mehrere g. L. gleichlaufend sind, oder daß mehr als 2 durch Einen Punct gehen, oder daß beides Statt finde. Für die einfachern Fälle wird sich der Lehrer leicht durch Zeichnung zu helfen wissen; bei einer größern Anzahl von Linien werden die Fälle aber überaus verwickelt, und es mögte den Kindern das Gesetz, nach welchem die Streckenzahl fortschreitet, nicht deutlich gemacht werden können. Es scheint daher besser, sich blos an die einfachern Fälle zu halten.

Wenn von 3 g. L. 2 gleichlaufend sind, so giebt es 1 Strecke zwischen den Durchschnittspuncten

Eben so geben:

4 g. L., von denen 3 gleichl. sind, 3 Strecken.
5 g. L., von denen 4 gleichl. sind, 6 —
4 g. L., von denen 2 u. 2 gleichl. sd., 4 —
5 g. L., von denen 3 u. 2 gleichl. sd, 9 —
5 g. L., von denen 3 gleichl sind, 15 —
u. s. w.

Wenn von 4 g. L. 3 durch E. P. gehen, so giebt es 6 Strecken zwischen den Durchschnittspuncten.

Wenn von 5 g. L. 4 durch E. P. gehen, so giebt es 10 Strecken zwischen den Durchschnittspuncten.

Wenn von 6 g. L. 5 durch E. P. gehen, so giebt es 15 Strecken zwischen den Durchschnittspuncten, u. s. w.

Wenn von 4 g. L. 2 gleichlaufend sind und 3 durch E. P. gehen, so giebt es 3 Strecken.

Wenn von 5 g. L. 1 gleichlaufend sind und 4 durch E. P. gehen, so giebt es 6 Strecken.

Wenn von 6 g. L. 4 gleichlaufend sind und 3 durch E. P. gehen, so giebt es 15 Strecken.

Wenn von 6 g. L. 3 gleichlaufend sind und 4 durch E. P. gehen, so giebt es 15 Strecken.

Es möge hier noch die Auflösung des letzten Falls stehen, den F. 29. darstellt.

Sind von 6 g. L. 3 gleichlaufend, so bleiben noch 3 übrig, welche ungleichlaufend sind. Sollen nun 4 durch Einen Punct gehen, so muß hierunter eine von den gleichlaufenden sein. Diese kann also außer diesem Puncte weder von den gleichlaufenden (§. 1), noch von den ungleichlaufenden (§. 3.) geschnitten werden, bildet also gar keine Strecke. Jede der beiden übrigen gleichlaufenden wird von den 3 ungleichlaufenden geschnitten, und bildet also zwischen den 3 Durchschnittspuncten 3 Strecken (§. 24); beide mithin 6 Strecken. Jede von den 3 ungleichlaufenden wird außer dem gemeinsamen Puncte noch von den beiden übrigen gleichlaufenden geschnitten, erhält demnach 3 Durchschnittspuncte und also 3 Strecken; alle 3 mithin 9 Strecken. Zusammen lassen sich also 15 Strecken zwischen den Durchschnittspuncten aller 6 Linien angeben.

Bei zusammengesetztern Fällen hat sich der Lehrer zu hüten, sie so zu geben, daß mehrere Antworten möglich sind. Dies ist z. B. schon der Fall, wenn von 5 g. L. 2 gleichlaufend sind, und 3 durch Einen Punct gehen. Nimmt man nämlich den Punct in einer gleichlaufenden an, so erhält man 16 Strecken; nimmt man ihn aber außer derselben an, nur 15.

27.

Figuren. Seiten.

Wenn sich 3 g. L. in 3 Puncten durchschneiden, so entstehen 3 Strecken (§. 24. F. 10). Diese stehen in einem solchen Zusammenhange, daß der Endpunct der einen zugleich der Anfangspunct der andern ist. So ist denn auch der Endpunct der letzten wieder der Anfangspunct der ersten. Eine Verbindung dieser Art nennt man eine geschlossene. Wir haben hier also eine geschlossene Streckenverbindung, und wollen dieselbe eine Figur nennen. Die Strecken, welche die Figur bilden, nennt man in Beziehung auf dieselbe, Seiten der Figur. Man versteht sonst unter einer Figur die von den Seiten eingeschlossene Fläche, worauf wir für jetzt noch nicht sehen.

Zwei g. L. können (nach §. 25) noch keine Strecken, vielweniger eine Figur bilden. Kommt die dritte Linie hinzu, so kann sie die beiden vorigen durchschneiden, und es entsteht eine Figur, die von 3 Seiten eingeschlossen ist. F. 10. — Ist a der Anfangspunct der ersten Seite, so ist b ihr Endpunct, und zugleich der Anfangspunct der zweiten, deren Endpunct c wieder der Anfangspunct der dritten Seite ist. Der Endpunct a der dritten war zugleich der Anfangspunct der ersten. — Eine Figur, welche 3 Seiten hat, heißt ein Dreieck.

Kommt die vierte Linie hinzu (F. 30), so entstehen schon mehrere Figuren. Zieht man sie mit den vorigen ungleichlaufend, und durch keinen Durchschnittspunct, so entstehen 3 neue Durchschnittspuncte. Man kann nun entweder auf alle Figuren sehen, deren Seiten getheilt (wie a e f und d e f) und ungetheilt sind, oder blos auf die letztern. Sehen wir blos auf die ungetheilten Figuren, so finden wir, daß, außer den vorhandenen, 2 neue entstehen. Wir haben also überhaupt 3 ungetheilte Figuren, nämlich 2 Dreiecke a b c, d e b, und ein Viereck b e f c.

28.

Verbindung ungleichlaufender Linien, von denen nirgend mehr als 2 durch Einen Punct gehen, in Beziehung auf die Zahl der ungetheilten Figuren.

2 g. L. können keine Figur bilden.

Die 3te g. L. kann 2 Strahlen der beiden ersten abschneiden, und bildet dann mit den beiden ersten 1 Figur.

Die 4te g. L. kann 3 über die erste Figur vorstehende Strahlen abschneiden, und bildet dann aufs Neue 2 ungetheilte Figuren.

Die 5te g. L. kann 4 über die 3 ersten Figuren vorstehende Strahlen abschneiden, und bildet dann aufs Neue 3 ungetheilte Figuren.

Eben so bildet

die 6te g. L. aufs Neue 4 ungetheilte Fig.
Die 7te g. L. aufs Neue 5 ungetheilte Fig.
u. s. w.

Jede neue Linie muß aber mit allen vorigen ungleichlaufend sein, und durch keinen schon vorhandenen Durchschnittspunct gehen.

Sieben g. L. können demnach $1 + 2 + 3 + 4 + 5$ oder $\frac{6 . 5}{2}$ oder 15 ungetheilte Figuren bilden. (Vergl. §. 3, Zusatz.)

Durchschneiden sich 3 g. L. in der höchsten Anzahl von Puncten, so entsteht 1 ungetheilte Figur.

Unter denselben Bedingungen geben:

4	g. L.	3	ungetheilte	Figuren,
5	" "	6	"	"
6	" "	10	"	"
7	" "	15	"	"
8	" "	21	"	"
9	" "	28	"	"
10	" "	36	"	"

u. s. w.

Die Auflösung einer bestimmten Aufgabe muß so gemacht werden, wie hier oben die Entstehung der ungetheilten Fig. eben dargestellt ist. Diese Darstellung ist die Auflösung der Aufgabe: wie viel ungetheilte Figuren können 7 g. L. höchstens bilden. Die Regel zur Berechnung dieser Anzahl werden die Schüler leicht selbst finden.

29.

Verbindung gleichlaufender und ungleichlaufender g. L. in Beziehung auf die höchste Anzahl ungetheilter Figuren.

Sind unter den Linien mehrere gleichlaufend, so bilden diese unter sich keine Figuren; sie bilden auch mit der ersten ungleichlaufenden noch keine Figur. Die 2te ungleichlaufende bildet aber so viel Figuren als gleichlaufende vorhanden sind, und jede folgende eine mehr als die vorhergehende.

Frage. 8 gleichlaufende und 4 ungleichlaufende bilden höchstens wie viel ungetheilte Figuren?

Antw. 8 gleichlaufende rc. . . . bilden 27 Figuren.

Aufl. 8 gleichlaufende und eine ungleichlaufende bilden noch keine Figur.

Die 2te ungleichlaufende bildet 8 Figuren.

Die 3te ungleichlaufende bildet aufs Neue 9 ungetheilte Figuren.

Die 4te ungleichlaufende bildet aufs Neue 10 ungetheilte Figuren.

8 gleichlaufende und 4 ungleichlaufende bilden demnach höchstens $8 + 9 + 10 = 27$ ungetheilte Figuren.

Sind die Linien in mehrern Richtungen gleichlaufend, so bilden die gleichlaufenden nach der ersten Richtung noch gar keine Figur. Von den gleichlaufenden der zweiten Richtung bildet die erste auch noch keine Figur; jede folgende aber bildet so viel ungetheilte Figuren, als gleichlaufende nach der ersten Richtung da sind, weniger Eins. Z. B. 8 gleichlaufende und 4 gleichlaufende bilden $3 . 7 = 21$ ungetheilte Figuren.

Von den gleichlaufenden der dritten Richtung bildet jede eine Figur weniger, als Linien nach den beiden ersten Richtungen waren. Kommen also zu den vorigen noch 3 nach einer andern Richtung gleichlaufende Linien, so bildet jede 11 neue ungetheilte Figuren. Es kommen also zu den obigen 21 noch 3.11 oder 33 ungetheilte Figuren 8 gleichlaufende und 4 gleichlaufende und 3 gleichlaufende bilden demnach 21 + 33 oder 54 ungetheilte Figuren.

Wenn von 4 g. L. 2 gleichlaufend sind, so entstehen höchstens 2 ungetheilte Figuren.

Eben so geben:

5 g. L., von denen 3 gleichl. sind, 3
5 g. L., von denen 2 gleichl. sind, 5
6 g. L., von denen 4 gleichl. sind, 4
6 g. L., von denen 3 gleichl. sind, 7
6 g. L., von denen 2 gleichl. sind, 9
7 g. L., von denen 5 gleichl. sind, 5
7 g. L., von denen 4 gleichl. sind, 9
7 g. L., von denen 3 gleichl. sind, 12
7 g. L., von denen 2 gleichl. sind, 14

ungetheilte Figuren.

Sind von 4 g. L. 2 gleichlaufend und wieder 2 nach einer andern Richtung gleichlaufend, so entsteht nur Eine ungetheilte Figur.

Eben so geben:

5	g.	L.,	von	denen	3	gll.	und		2	gll.	sd.,	2
6	=	=	=	=	4	=	=		2	=	=	3
6	=	=	=	=	3	=	=		3	=	=	4
7	=	=	=	=	5	=	=		2	=	=	4
7	=	=	=	=	4	=	=		3	=	=	6
12	=	=	=	=	7	=	=		5	=	=	24
12	=	=	=	=	6	=	=		6	=	=	25
6	=	=	=	=	2	u.	2	u.	2	=	=	6
7	=	=	=	=	3	=	2	=	2	=	=	9
8	=	=	=	=	4	=	2	=	2	=	=	12
8	=	=	=	=	3	=	3	=	2	=	=	14
12	=	=	=	=	5	=	4	=	3	=	=	36
12	=	=	=	=	4	=	4	=	4	=	=	37

ungetheilte Figuren.

30.

Verbindung ungleichlaufender g. L., von denen auch mehr als 2 durch Einen Punct gehen, in Beziehung auf die Anzahl ungetheilter Figuren.

Gehen irgendwo mehr als 2 g. L. durch Einen Punct, so kann man zuerst die höchste Zahl ungetheilter Figuren aufsuchen, welche diese Linien überhaupt bilden könnten (§. 28.), und von der so gefundenen Anzahl die Zahl derjenigen Figuren abziehen, welche die durch Einen Punct gehenden g. L. unter sich gebildet haben würden. Z. B. Wenn von 7 geraden ungleichlaufenden Linien 4 durch Einen Punct gehen, so müssen von den 15 Figuren, die sie nach §. 28 bilden können, 3 abgezogen werden, welche die 4 g. L., die nun durch Einen Punct gehen, unter sich gebildet haben würden. 7 ungleichlaufende Linien, von denen 4 durch Einen Punct gehen, bilden demnach 15 weniger 3 = 12 ungetheilte Figuren.

Daß es noch eine andere Art giebt, die Zahl der ungetheilten Figuren nach obiger Voraussetzung zu finden, die der des vorigen §. ähnlich ist, werden denkende Lehrer leicht übersehen.

Wenn von 4 ungleichlaufenden g. L. 3 durch Einen Punct gehen, so bilden sie höchstens 2 ungetheilte Figuren.

Eben so bilden:

5	ungleichl.,	von	denen	4 d. E. P.	gehen,	3
5	"	"	"	3 d. E. P.	"	5
6	"	"	"	5 d. E. P.	"	4
6	"	"	"	4 d. E. P.	"	7
6	"	"	"	3 d. E. P.	"	9
7	"	"	"	6 d. E. P.	"	5
7	"	"	"	5 d. E. P.	"	9
7	"	"	"	4 d. E. P.	"	12
7	"	"	"	3 d. E. P.	"	14

ungetheilte Figuren.

31.

Verbindung ungleichlaufender Linien, von denen nirgend mehr als 2 durch Einen Punct gehen, in Beziehung auf die Zahl der getheilten und ungetheilten Dreiecke.

Zeichnet man 3 ungleichlaufende Linien, die nicht durch Einen Punct gehen, so müssen sie ein Dreieck bilden.

Vier ungleichlaufende, von denen nirgend mehr als 2 durch Einen Punct gehen, bilden 4 Dreiecke, F. 30. abc, aef, deb, dfc, von denen hier 2 getheilt sind.

Aufl. Nach dem unmittelbar vorhergehenden Satze bilden jede 3 g. L. ein Dreieck; also die Linie 1 mit 2 und 3 das Dreieck abc; 1 mit 2 und 4 das Dr. aef; 1 mit 3 und 4 das Dr. dcf. — Ferner die Linie 2 mit 3 und 4 das Dr. deb.

Allgemeiner könnte man dieses nun auch so ausdrücken. Jede g. L. bildet mit jedem Gezwei aus den übrigen ein Dreieck. Nehmen wir nun von den gegebenen 4 Linien Eine, so bleiben noch 3 übrig, welche sich in

$\frac{3 \cdot 2}{2} = 3$ Gezweie zusammenordnen lassen.

Wir erhalten also, indem wir von der ersten

Linie ausgehen, 3 Dreiecke. Eben so viel erhalten wir, wenn wir von der zweiten, eben so viel, wenn wir von der dritten, eben so viel, wenn wir von der vierten ausgehen. Demnach erhalten wir 4. 3 oder 12 Dreiecke. Allein jedes Dreieck kommt hier 3 mal vor. Das Dreieck a b c z. B. erhalte ich, wenn ich von Linie 1 ausgehe; ich erhalte es aber auch, wenn ich von Linie 2 und von Linie 3 ausgehe. Eben so erhalte ich auch jedes andre Dreieck 3 mal. Von den obigen 12 Dreiecken muß ich daher den 3ten Theil nehmen, und dieser beträgt 4 Dreiecke. So viel Dreiecke können also 4 g. L. bilden.

3 ungleichlaufende g. L., von denen nirgend mehr als 2 durch E. P. gehen, bilden 1 Dreieck. Unter den nämlichen Bedingungen bilden:

4	g. L.,	v.	d.	nirg.	m.	als	2	d.	E.	P.	g.	4
5	= =	=	=	=	=	=	= =	=	=	=	=	10
6	= =	=	=	=	=	=	= =	=	=	=	=	20
7	= =	=	=	=	=	=	= =	=	=	=	=	35
8	= =	=	=	=	=	=	= =	=	=	=	=	56
9	= =	=	=	=	=	=	= =	=	=	=	=	84
10	= =	=	=	=	=	=	= =	=	=	=	=	120

Frage. Wie viel Dreiecke können 12 g. L. höchstens bilden?

Antw. 12 g. L. können höchstens 220 Dreiecke bilden.

Aufl. Jede von den 12 g. L. bildet mit jedem Paare aus den 11 übrigen Ein Dreieck. 11 L. geben $\frac{11.10}{2} = 55$ Paare, oder Gezwei. Nehme ich diese 12 mal, so erhalte ich 660 Dreiecke, von denen aber jedes 3 mal vorkommt, und von denen also der dritte Theil genommen werden muß. Dieser ist 220, und so viel Dreiecke werden also von den 12 Linien gebildet..

(Die Zahl der Dreiecke ist zugleich die Zahl der Gedreie (Ternen) aus einer gegebenen Anzahl von Dingen Diese findet man, wenn man die Anzahl der Dinge mit der nächst vorhergehenden ganzen Zahl, und diese wieder mit der nächst-vorhergehenden ganzen Zahl multiplizirt, das Product aber mit 2.3 oder mit 6 dividirt. So ist die Zahl der Gedreie aus 15 Dingen $= \frac{15.14.13}{1.\ 2.\ 3} = 5.7.13 = 455$, und so viel Dreiecke lassen sich daher aus 15 g L. höchstens bilden. — Der Lehrer muß den Schülern diese Regel oder Formel aber erst am Ende der Uebung geben, denn sobald sie nach der Formel rechnen, zumal wenn nicht jeder selbst sie sich erfunden hat, ist der eigentliche Zweck der Uebung verfehlt.)

32.

Verbindung gleichlaufender und ungleichlaufender g. L. in Beziehung auf die Zahl der Dreiecke überhaupt.

Mehrere gleichlaufende Linien können sich nicht durchschneiden, vielweniger ein Dreieck bilden Zieht man eine ungleichlaufende durch die gleichlaufenden hindurch, so entsteht auch noch kein Dreieck Zieht man aber die zweite ungleichlaufende, so entstehen so viel Dreiecke als gleichlaufende da sind. Sind mehrere ungleichlaufende, so bilden diese zuerst unter sich Dreiecke, und dann bilden jede zwei ungleichlaufende mit jeder gleichlaufenden ein Dreieck.

2	gleichl.	g.	L.	u.	2	ungll.	bilden	2	Dreiecke	
3	„	„	„	„	2	„	„	3	„	
4	„	„	„	„	2	„	„	4	„	u. s. w.
2	„	„	„	„	3	„	„	7	„	
2	„	„	„	„	4	„	„	16	„	
3	„	„	„	„	3	„	„	10	„	
7	„	„	„	„	5	„	„	80	„	u. s. w.

Hat man gleichlaufende nach 2 Richtungen, so können diese zwar unter sich kein Dreieck bilden, kommt aber eine ungleichlaufende hinzu, so bildet sie mit jeden 2, die unter sich nicht gleichlaufend sind, ein Dreieck. Hieraus läßt sich beurtheilen, wie man auch für zusammengesetztere Fälle die

Zahl der Dreiecke bestimmen kann, indem jede 3 ungleichlaufende Linien ein Dreieck geben. Hätte man z. B. 7 gleichlaufende nach einer, 5 nach einer andern, 4 nach einer dritten Richtung, so würde die ganze Zahl der Dreiecke 7 . 5 . 4 = 140 sein.

Gehen endlich mehr als 2 g. L. durch Einen Punct, so können diese kein Dreieck bilden. Will man also die Zahl der möglichen Dreiecke berechnen, so muß man von der höchsten Zahl die Zahl derer abziehen, die von den Linien, die durch Einen Punct gehen, hätten gebildet werden können.

Wenn von 4 ungleichl. g. L. 3 durch E. P. gehen, so entstehen 3 Dreiecke.

Unter gleichen Bedingungen bilden:

5	g. L, v. denen	3	d. E. P. gehen,	9	Dreiecke.
5	= = = =	4	= = = =	6	=
6	= = = =	3	= = = =	19	=
6	= = = =	4	= = = =	16	=
6	= = = =	5	= = = =	10	=
10	= = = =	7	= = = =	85	=

u. s. w.

Frage. Von 12 ungleichlaufenden Linien gehen 7 durch Einen Punct; wie viel Dreiecke können sie bilden?

Antw. 12 ungleichl. L. ꝛc. ... können 185 Dreiecke bilden.

Aufl. 12 g. L. können (nach 31.) 220 Dreiecke bilden. Es gehen aber 7 durch Einen Punct die sonst 35 Dreiecke unter sich bilden würden jetzt aber kein Dreieck bilden. 220 weniger 35 ist 185.

33.
Verbindung gerader Linien zu mehr als dreiseitigen Figuren.

So wie eine Figur, welche 3 Seiten hat, ein Dreieck heißt, so nennt man eine Figur von 4 Seiten ein Viereck, eine Figur von 5 Seiten ein Fünfeck, von 6 Seiten ein Sechseck u. s. w. Die letztern nennt man mit einem gemeinsamen Namen auch Vielecke oder Polygone.

So wie ferner jede 3 g. L., wenn sie ungleichlaufend waren, und nicht durch Einen Punct gingen, ein Dreieck bildeten, so bilden unter den nämlichen Bedingungen jede 4 Linien Vierecke, jede 5 L. Fünfecke, jede 6 L. Sechsecke u. s. w. Dieses kann den Schülern im Allgemeinen gezeigt werden, ohne daß es nöthig wäre, sie nach diesem Gesichtspuncte viele Linienverbindungen anstellen zu lassen.

34.

Verbindung g. L. nach der Zahl ihrer Richtungen.

Wir sind bisher bei der Verbindung der Linien zu Figuren hauptsächlich von der Zahl dieser Linien ausgegangen. Jetzt wollen wir zunächst von der Zahl ihrer Richtungen ausgehen, dabei aber nur die einfachsten Fälle betrachten.

Wenn mehrere g. L. nach Einer Richtung gehen, d. h. alle gleichlaufend sind, so können sie gar keine Figur bilden.

Mehrere g. L. nach 2 Richtungen bilden lauter Vierecke, von der Beschaffenheit, daß jede 2 nicht an einander stoßende Seiten gleichlaufend sind. Sie werden gewöhnlich Parallelogramme genannt, wir wollen sie aber künftig mit einem deutschen Worte **späthige Vierecke** *) nennen.

---

*) Das Wort Spath zeigt in der Mineralogie eine gewisse Gestalt der Bruchstücke nämlich die würflichte und rhomboidalische, mit glatten Flächen an, das Mineral sei, welches es wolle. (Klügels Encyclopädie 3te Ausg. Th. 2. S. 591.) Das Beiwort späthig würde also die Beschaffenheit dieser Gattung der Vierecke sehr gut ausdrücken, für welche man sonst nur den im Deutschen höchst ungefügigen Namen Parallelogramme hatte, ein Wort, welches wir uns nie werden aneignen und nach den verschiedenen Bedürfnissen umgestalten können. Es wäre freilich besser, ein eigenes Hauptwort zur Bezeichnung dieser Gattung von Vierecken zu besitzen, allein ich habe

Ein späthiges Viereck ist ein solches, in welchem jede zwei gegenüberstehende Seiten gleichlaufend sind.

Jede 2 gleichlaufende Linien nach einer Richtung bilden mit jeden 2 gleichlaufenden nach einer andern Richtung ein späthiges Viereck.

Hat man mehr als 2 gleichlaufende Linien nach jeder Richtung, so bildet doch jedes Gezwei aus den Linien der einen Richtung mit jedem Gezwei aus den Linien der andern Richtung ein späthiges Viereck. Will man daher die Zahl der

---

es nicht gewagt, weder das Wort Spath noch Raute, die einzigen mir bekannten, welche sich hierzu etwa schickten, und die nöthigen Umwandlungen zulassen, dafür vorzuschlagen; ersteres nicht, weil es eine körperliche Structur bezeichnet; letzteres nicht, weil es schon eine bestimmte Bedeutung in der Mathematik hat, die sich ohne Verwirrung zu veranlassen nicht füglich mehr umändern läßt, wenn gleich das Wort im gemeinen Leben in der That auch das Quadrat, Rechteck, und Rhomboid mit unter sich begreift. Vergleiche Adelungs Wörterb Art. Raute. — Kronstädt in seiner von Werner übersetzten Mineralogie S. 35. sagt: man bedient sich des Worts Spath als eines ganz bekannten, um eine gewisse Gestalt, nämlich die rhomboidalische, würflige und schiefrige mit glatten Flächen anzudeuten, indem man angenommen hat, daß bei dem Gebrauche dieses Worts nicht auf die Bestandtheile zu sehen sei — Adelung bezieht es, ohne Zweifel irrig, auf Farbe und Durchsichtigkeit, und ist deshalb geneigt, es von spähen abzuleiten.

späthigen Vierecke wissen, so muß man jene Gezweie berechnen und mit einander multipliziren.

2	gll.	u.	2	gll.	bilden	1	späthiges	Viereck.
2	„	„	3	„	„	3	späthige	Vierecke.
2	„	„	4	„	„	6	„	„
2	„	„	5	„	„	10	„	„ u. s. w.
3	„	„	3	„	„	9	„	„
3	„	„	4	„	„	18	„	„
3	„	„	5	„	„	30	„	„
4	„	„	4	„	„	36	„	„
4	„	„	5	„	„	60	„	„ u. s. w.

Frage. 5 gleichlaufende nach einer, und 7 gleichlaufende nach einer andern Richtung, wie viel späthige Vierecke bilden sie?

Antw. 5 gleichl. 2c. ..... bilden 210 späthige Vierecke.

Aufl. 5 gleichlaufende geben $\frac{5 \cdot 4}{2} = 10$ Gezweie gleichlaufender nach einer Richtung.

7 gleichlaufende geben $\frac{7 \cdot 6}{2} = 21$ Gezwei gleichlaufender nach der andern Richtung. Da nun jedes Gezwei der gleichlaufenden nach der einen Richtung mit jedem Gezwei gleichlaufender nach der andern ein späthiges Viereck bilden, so giebt es $10 \cdot 21 = 210$ späthige Vierecke.

35.

Fortsetzung.

Hat man gleichlaufende Linien nach 3 Richtungen, so entstehen nicht blos späthige Vierecke, sondern auch Dreiecke, Fünfecke und Sechsecke mit lauter einwärts gehenden Winkeln (§. 12).

Die späthigen Vierecke findet man, wenn man sich die Linien der einen Richtung wegdenkt, und blos die nach den beiden andern Richtungen betrachtet. Man kann sich aber sowohl die Linien nach der ersten, als die nach der zweiten, als auch die nach der dritten Richtung wegdenken, und erhält in jedem Falle späthige Vierecke. Es wird nun leicht sein, ihre Anzahl nach §. 34. zu berechnen. So bilden 3 gleichlaufende nach einer 5 gleichlaufende nach einer andern, und 6 gleichlaufende nach einer dritten 3. 10 + 3. 15 + 10. 15 = 225 späthige Vierecke.

Jede 3 ungleichlaufende Linien müssen ein Dreieck bilden (§. 31), wenn sie nicht durch Einen Punct gehen. Untersucht man hiernach eine Verbindung von Linien, welche nach 3 Richtungen gleichlaufend sind, und von denen nirgend mehr als 2 durch Einen Punct gehen, so findet man jedesmal ein Dreieck, wenn man aus jeder Abtheilung gleichlaufender Eine nimmt, die übrigen aber wegdenkt. Man erhält z. B. das Dreieck abc (F. 51), wenn man von den 3 wagrechten die untere, von den rechts steigenden die auf der rechten Seite, von den links steigenden gleichfalls die auf der rechten Seite nimmt. Giebt nun aber jede gleichlaufende nach der einen Richtung mit jeder gleichlaufenden nach der andern, und mit jeder gleichlaufenden nach der dritten Richtung ein Dreieck, so findet man die Anzahl aller entstehenden Dreiecke, wenn man die Zahl der Linien nach der einen Richtung mit der Zahl der Linien nach der andern, und dieses Product mit der Zahl der Linien nach der dritten Richtung multiplizirt. Sind z. B. 3 g. L. nach einer, 2 nach einer andern, und 2 nach einer dritten Richtung gleichlaufend, so bilden sie 3.2.2 = 12 Dreiecke. — Sind 4 und 3 und 2 gleichlaufend, so bilden sie 4.3.2 = 24 Dreiecke u. s. w.

Wie viel Fünf- und Sechsecke entstehen, darüber läßt sich hier noch keine Regel aufstellen.

Hat man Linien nach mehr als 3 Richtungen, und will die Zahl der entstehenden spätigen Vierecke und Dreiecke wissen, so muß man für die erstern die Gezweie, für die letztern die Gedreie der Richtungen suchen, aus jedem Gezwei die Anzahl der spätigen Vierecke, aus jedem Gedrei die Anzahl der Dreiecke berechnen, und dann addiren. Für den Elementarunterricht mögten dergleichen Verbindungen nicht mehr gehören. Lehrer, welche das Vorhergehende richtig verstanden haben, werden hierbei keine Schwierigkeiten finden.

Bemerkenswerth ist, daß sich auch hier schon das späthige Viereck einfacher als das Dreieck zeigt, indem es schon durch Linien nach 2 Richtungen gebildet wird, während das Dreieck Linien nach 3 Richtungen zu seiner Bildung erfordert.

36.

Verbindung der Figuren ihrer Lage nach.

So wie im ersten Abschnitt aus der Verbindung der Linien und Betrachtung der entstehenden Durchschnittspuncte die Strahlen oder Schenkel (§. 8.), aus der Verbindung der Strahlen die Winkel (§. 11 — 18.) aus der Verbindung der Winkel die stetigen Winkel, Scheitelwinkel ꝛc. (§. 19 — 22.) hervorgingen, so haben wir hier in gleicher Reihenfolge aus der Verbindung der Linien die Strecken oder Seiten (§. 25, 26) aus der Verbindnng der Seiten die Figuren (§ 27 u. f.) erhalten, und es bleibt uns nun noch übrig **die Figuren wieder zu verbinden.** Diese Verbindung der Figuren ist aber viel weitläuftiger und verwickelter, als die Verbindung der Winkel, und es wird dadurch nothwendig, nur die einfachsten dieser Verbindungen auszuheben, und dabei stehen zu bleiben. Sie kann nach mehrern Gesichtspuncten angestellt werden.

Am leichtesten und natürlichsten scheint es, die Figuren auf völlig gleiche Weise wie die Winkel zu verbinden, indem man darauf sieht, wie sie an einem, oder an mehrern Puncten liegen, als stetige Figuren Scheitelfiguren, Wechselfiguren u. s. w.

Man könnte ferner bei der Verbindung der Figuren darauf sehen, wie viel Seiten und Winkel sie gemein haben, und ob sie zum Theil in einander fallen, oder ganz außer einander liegen.

Nach diesen beiden Rücksichten wollen wir die Figuren mit einander verbinden, uns aber nur an ganz einfache und leichte Fälle halten.

37.

Verbindung der Figuren nach ihrer Lage an Einem oder an mehrern Puncten.

Sieht man bei den Figuren darauf, was für eine Lage einzelne Winkel in denselben haben, so erhält man dieselben Gebinde (Complexionen) der Figuren wie §. 19 bis 22 der Winkel. Es wird daher nicht nöthig sein, diese Art der Verbindung weiter als an einigen Beispielen durchzugehen, da sich aus den angeführten §§. alles leicht übersehen läßt. Nur das muß noch bemerkt werden, daß die nämlichen 2 Figuren auf verschiedene Arten zusammengefaßt werden können, je nachdem man 2 Winkel in denselben wählt, nach deren gegenseitiger Lage man sie bestimmen will.

In F. 32. sind cad, dab stetige Dreiecke eines Winkels (cab), wenn man sie nach der Lage der Winkel bei a bestimmt. Die nämlichen Dreiecke sind stetige Dreiecke an einer geraden Linie, wenn man sie nach der Lage der Winkel bei d bestimmt. — Auch abd, dbe, ebg sind stetige Dreiecke an einer g. L., wenn man sie nach der Lage der Winkel bei b bestimmt.

Die 4 Dreiecke abd, dbe, ebg, gbf sind stetige Dreiecke um einen Winkel, wenn man auf die Lage der Winkel bei b, und eben so adc, adb, bde, wenn man auf die Lage der Winkel bei b sieht.

Bezeichnet man die Dreiecke so, daß man denjenigen Buchstaben in die Mitte setzt, der an dem Winkel steht, dessen Lage hier in Betrachtung kommt, so ist es nicht weiter nöthig, hier besonders zu bemerken, auf welchen Winkel es jedesmal ankomme. Es sind also folgende Dreieckpaare Nebendreiecke: adc, adb; ferner adb, bde; abc, ebg, dbe, ebf.

Scheiteldreiecke sind adc, bde; — adc, fdc; — abc, fbg.

Gleichliegende oder äußere und innere entgegengesetzte Dreiecke an ca und eb sind cab, ebg.

Innere entgegengesetzte Dreiecke an den nämlichen Linien sind cab und eba. u. s. w.

Daß statt der Dreiecke auch Vierecke und mehrseitige Figuren gesetzt werden können, versteht sich von selbst.

38.

Verbindung der Figuren nach gemeinsamen Seiten und Winkeln.

Sieht man bei der Verbindung der Figuren auf die Seiten und Winkel, welche sie gemein haben, so entsteht eine Menge verschiedener Fälle, die wir hier nur an Dreiecken durchgehen wollen, da sich aus diesen alle übrigen geradlinichten Figuren zusammensetzen, und sich auch wieder in dieselben zerlegen lassen.

Zwei oder mehr Dreiecke können entweder eine gemeinsame Seite und Winkel, oder nur eins von beiden haben.

1) Haben 2 Dreiecke eine gemeinsame Seite und Winkel, so liegt das eine ganz in dem andern, wie abc, abd F. 32.

2) Haben sie nur einen gemeinsamen Winkel, so müssen die beiden Seiten, welche diesen Winkel bilden, zum Theil auf einander fallen. Die dritten Seiten beider können dann so wohl gleichlaufend als ungleichlaufend sein.

Im erstern Falle liegt das eine Dreieck ganz im andern, wie abc, ade F. 33.

Im zweiten Falle können sich die ungleichlaufenden Seiten entweder nicht durchschneiden, und dann liegt das eine Dreieck auch ganz in dem andern, wie ade in abc F. 34, oder die ungleichlaufenden Seiten durchschneiden sich, und dann liegen die Dreiecke nur zum Theil in einander, wie abc und ade F. 35.

3) Haben die Dreiecke nur eine gemeinsame Seite, aber keinen gemeinsamen Winkel, so kommt es darauf an, ob sie beide auf derselben oder auf verschiedenen Seiten dieser gemeinsamen Seite liegen. Im erstern Falle liegen sie entweder zum Theil oder ganz in einander, je nachdem sich die übrigen Seiten entweder schneiden oder nicht. F. 36 und 37.

Im zweiten Falle liegen die Dreiecke immer ganz außer einander, und blos an einander und zwar:

als stetige Dreiecke eines Winkels mit gemeinsamer Seite wie abc, abd F. 38. oder

als stetige Dreiecke an einer g. L. oder Nebendreiecke mit gemeinsamer Seite, wie abc, abd F. 39., oder

als stetige Dreiecke um einen Winkel mit gemeinsamer Seite wie abc, abd F. 40.

endlich auch als stetige Dreiecke um einen Punct mit gemeinsamer Seite, wozu aber mehr als 2 Dreiecke nothwendig erforderlich sind, wie abc, abd, acd F. 41.

Die Dreiecke liegen auch an dem andern Puncte der gemeinsamen Seite stetig an einander. Hier ist die Benennung von dem hergenommen, was allein verschieden sein kann.

39.

Fortsetzung.

Legt man zwei Dreiecke mit gemeinsamer Seite stetig an einander, so entsteht ein Viereck, wenn die Dreiecke keine Nebendreiecke sind. Ein Viereck und ein Dreieck, oder drei Dreiecke unter gleichen Bedingungen stetig an einander gelegt, geben ein Fünfeck; ein Fünfeck und ein Dreieck, oder vier Dreiecke ein Sechseck, u. s. w.

So wie sich mehrseitige Figuren aus Dreiecken zusammensetzen lassen, so lassen sie sich auch wieder in dieselben zerlegen. Dieses kann z. B. so geschehen, daß man zwischen denjenigen Winkelpuncten, zwischen denen noch keine Seiten gehen, gerade Linien zieht. Sofern man diese nur, so weit sie zwischen den Winkelpuncten liegen, betrachtet, nennt man sie Gehrungen oder Diagonalen, und unterscheidet sie dadurch von den Seiten der gegebenen Figur.

Zerlegt man eine Figur durch Gehrungen von einem Winkelpuncte aus, so sind die entstehenden Dreiecke stetige Dreiecke eines Winkels mit gemeinsamer Seite. F. 42.

Zerlegt man sie durch Linien, die von einem Puncte in einer Seite nach den Winkelpuncten gezogen werden, so sind die entstehenden Dreiecke stetige Dreiecke an einer g. L. mit gemeinsamer Seite. F. 43.

Zerlegt man sie durch Linien, die von irgend einem Puncte in der Figur nach den Winkelpuncten gezogen werden, so sind die entstehenden Dreiecke stetige Dreiecke um einen Punct mit gemeinsamer Seite. F. 44.

Hätte die Figur einen nach einen erhabenenen Winkel, und man zerlegte sie von diesem aus in Dreiecke, so würden diese stetige Dreiecke um einen Winkel mit gemeinsamer Seite sein. F. 45.

40.

Gegenseitige Beziehungen der Winkel, Seiten und Figuren auf einander.

Die beiden durch Verbindung der Linien erhaltenen Reihenfolgen, welche schon §. 36. erwähnt sind, waren folgende:

Linie

Durchschnittspuncte

Strahl, Schenkel	Strecke, Seite
1	1
Winkel	Figur
1	1
Winkelgebinde	Figurengebinde (Complexion).

Da wir in keiner dieser beiden Reihenfolgen zu höhern Verbindungen gehen können, so bleibt nur noch die Frage übrig, ob die Gegenstände der einen Reihenfolge auf die der andern bezogen werden können, und wie diese Beziehungen zu bezeichnen sind.

Seite und Strahl können nicht anders auf einander bezogen werden, als dadurch, daß die Seite ein Theil eines Strahls ist. Es kann nämlich die Seite angesehen werden, als der Anfang zweier nach entgegengesetzten Richtungen gehenden Strahlen.

Seiten und Winkel können nur in so fern auf einander bezogen werden, als sie in einer und der nämlichen Figur sich befinden. In einer Figur heißt nämlich eine Seite und ein Winkel an einander anliegend, wenn die Seite ein Schenkel des Winkels ist. — Ein Winkel liegt zwischen den Seiten, die seine Schenkel sind. Eine Seite liegt zwischen den Winkeln, deren gemeinsamer Schenkel sie ist. So ist in F. 46. a. die Seite ab an den Winkel a anliegend; umgekehrt ist wieder der Winkel a an der Seite ab anliegend. Der Winkel a liegt zwischen den Seiten ab und ac; und die Seite ab liegt zwischen den Winkeln a und b.

Die Beziehung solcher Seiten und Winkel, welche nicht anliegend sind, kann nur im Dreiecke allgemein ausgedrückt werden. Sie heißen hier gegenüberstehend. In F. 46. a. ist der

Winkel a und die Seite b c gegenüberstehend, und umgekehrt ist die Seite b c dem Winkel a gegenüberstehend.

41.

Fortsetzung.

Figuren und Winkel lassen sich vornämlich dadurch auf einander beziehen, daß man ausdrückt, wie die Winkel, welche von den Seiten oder ihren Verlängerungen gebildet werden, in und an den Figuren liegen.

Diejenigen Winkel, welche von den Seiten der Figuren gebildet werden, heißen innere, und ihre Nebenwinkel äußere Winkel an den Figuren. So sind in F. 46. b. a, b, c innere Winkel des Dreiecks, d, e f äußere Winkel am Dreieck; desgleichen sind auch g, h, i. Die Winkel k l, m sind Scheitelwinkel der innern, und haben weiter keine besondere Benennung.

Nimmt man einen äußern Winkel am Dreieck, so heißen die beiden innern an den andern Winkelpuncten seine beiden innern Gegenwinkel. So sind a und b die innern Gegenwinkel von f oder von i.

Die innern Winkel eines Vierecks können bezeichnet werden, als an einer Seite liegend, oder als einander gegenüberstehend. Eben so werden auch 2 Seiten eines Vierecks entweder an einander stoßend, oder gegenüberstehend sein müssen.

Anmerkung.

Der Lehrer muß hier auf eine ähnliche Weise, wie §. 23, an einer willkührlich gewählten Figur das Wichtigste aus diesem Abschnitte wiederholen. Es könnte hierzu anfangs wieder die 26ste Fig. gewählt, und diese dann durch allmähliges Zusetzen von Linien, wie Fig. 32, weiter ausgebildet werden, wo aber nach fe bis zum Zusammentreffen mit ac verlängert werden muß, um alle Durchschnittspuncte, Seiten, Figuren und Figurengebinde zu haben, welche aus dem Durchschnitte der unendlichen Linien unter den gegebenen Beschränkungen gebildet werden können. Der Lehrer wird keine Schwierigkeiten finden, diese Uebungen nach dem Muster der §. 23. sich selbst zu bearbeiten.

Ebene räumliche Verbindungslehre.

Dritter Abschnitt.

Das Verbinden der Kreise unter sich und mit geraden Linien.

42.

Entstehung des Kreises.

So wie wir §. 11. einen Strahl sich schwenken ließen, so können wir uns nun auch vorstellen, daß eine Strecke oder Seite sich um einen ihrer Endpuncte in einer Ebene herumschwenkte. Stellt man sich nun den Weg des andern Endpuncts vor, so fällt in die Augen, daß derselbe eine krumme Linie, und in sich geschlossen ist, wenn die Seite die Umschwenkung so weit vollendet hat, daß sie ihre vorige Lage wieder einnimmt. Der durch die Umschwenkung der Seite selbst erzeugte Raum ist eine durch jene krumme Linie, welche man Kreislinie nennt, begrenzte Fläche, die Kreisfläche oder Scheibe, auch schlechthin Kreis genannt. Der Punct, um den sich die Seite schwenkte, heißt der Mittelpunct des Kreises, die Seite aber, welche den Kreis erzeugte, in ihren verschiedenen Lagen genommen, der Halbmesser des Kreises, wie ab, ac F. 47.

Wir müssen nun den Kreis mit den in den beiden obigen Reihenfolgen gefundenen räumlichen Gegenständen verknüpfen, nämlich mit der geraden Linie, welche darin auch als Strahl und Seite erscheint, dem Winkel, der Figur, und endlich mit andern Kreisen; wir wollen uns aber nur bei den einfachsten Verbindungen verweilen. Zu bemerken ist, daß man unter Figur im gewöhnlichen und weitern Sinne jede begrenzte Fläche versteht, der Kreis also gleichfalls zu den Figuren gerechnet werden muß.

43.

Verbindung eines Kreises und einer geraden Linie.

Eine g. L. kann man ziehen entweder durch den Kreis oder an den Kreis, und im erster Falle entweder durch den Mittelpunct oder nicht

Eine g. L. durch den Mittelpunct nennt man, so weit sie im Kreise liegt, einen Durchmesser, welcher also aus 2 Halbmessern besteht, die in gerader Linie liegen. Der Kreis wird dadurch in 2 Theile getheilt, welche man Halbkreise nennt. In F. 48. ist ab ein Durchmesser, adb und aeb Halbkreise.

Eine g. L. durch den Kreis, wenn auch nicht durch den Mittelpunct, heißt, so weit sie im Kreise liegt, eine Sehne desselben. Sie theilt den Kreis gleichfalls in 2 Theile. Die beiden Theile der Kreislinie heißen die zur Sehne gehörigen Bogen; ist aber nur von einem die Rede, so versteht man stets den kleinern. Die beiden Theile, in welche die Kreisfläche von der Sehne getheilt wird, heißen Kreisabschnitte, und auch hier wird, wenn nur von einem die Rede ist, stets der kleinere verstanden. In F. 48. ist fg eine Sehne, fdg und faebg die dazu gehörigen Bogen; auch sind die Figuren fdg nnd faebg die Kreisabschnitte.

Eine g. L., welche den Kreis nur in einem Puncte berührt, ohne in die Kreisfläche hineinzugehen, heißt eine Streiflinie oder Tangente. In F. 48. ist hi, welche den Kreis im Puncte d berührt, eine Streiflinie.

Halbmesser, Durchmesser, Sehnen sind Strecken, oder Seiten im weitern Sinne; die Streiflinie aber ist eine Linie, und also unendlich.

44.

Verbindung eines Winkels mit dem Kreise.

Verbinden wir einen Winkel mit dem Kreise, so kann derselbe zuerst gebildet werden von 2 Halbmessern. Da diese vom Mittelpuncte ausgehen, so liegt dieser Winkel mit seinem Scheitelpuncte nothwendig am Mittelpuncte, und die Schenkel begrenzen einen Bogen, der zu diesem Winkel gehörig genannt wird. Man sagt auch, der Winkel am Mittelpuncte stehe auf dem Bogen. Der Theil der Kreisfläche, welcher von den beiden Halbmessern und dem zugehörigen Bogen begrenzt wird, heißt ein Kreisausschnitt. — In F. 47. steht der Winkel am Mittelpunct aeb auf dem Bogen ab, welcher zu diesem Winkel gehört, und die Figur acba ist ein Kreis-Ausschnitt.

Zwei Durchmesser bilden 4 solcher Winkel am Mittelpuncte und 4 Kreisausschnitte; auch theilen sie den Kreisumfang in 4 Bogen. — Durchmesser und Halbmesser können nicht gleichlaufend sein, da sie alle durch den Mittelpunct des Kreises gehen müssen.

45.

Fortsetzung.

Der mit dem Kreise verbundene Winkel kann ferner gebildet werden von einem Durchmesser und einer Sehne, oder von 2 Sehnen.

Ein solcher Winkel kann nicht am Mittelpuncte liegen, weil er sonst von 2 Durchmessern gebildet werden würde. Er kann aber mit seinem Scheitelpuncte entweder am Umfange des Kreises liegen, wie adb F. 49, oder innerhalb, oder auch außerhalb des Kreises. F. 51 u. 52.

Liegt der Winkel am Umfange des Kreises, so nennt man ihn einen Winkel am Umkreise oder an der Peripherie, und sagt von ihm, er stehe auf dem Bogen, der zwischen seinen Schenkeln liegt. So ist in F. 49. adb ein Winkel am Umkreise, der auf dem Bogen ab steht. Ist der Bogen, worauf der Winkel steht, größer als der Halbkreis, wie adb F. 50, so nennt man ihn auch einen Winkel im Abschnitte. So ist adb ein Winkel im Abschnitte gleiches Namens.

Bildet ein Durchmesser und eine Sehne, oder zwei Sehnen keinen Winkel, sind sie also gleichlaufend, so heißt der Theil der Kreisfläche zwischen denselben eine Kreiszone. F. 53.

46.

Fortsetzung.

Eine Streiflinie oder Tangente kann mit einem Durchmesser, mit einer Sehne und mit einer andern Tangente Winkel bilden.

Der Winkel eines Durchmessers und einer Streiflinie kann mit seinem Scheitelpuncte nicht im Kreise liegen Er liegt daher entweder am Umfange des Kreises, wie ade F. 54, oder außerhalb des Kreises, wenn man den Durchmesser verlängert, wie bed F. 54.

Der Winkel, den eine Sehne mit einer Streiflinie bildet, kann dieselbe Lage haben.

Der Winkel, den zwei Streiflinien mit einander bilden, kann nur außerhalb des Kreises liegen, wie deb F. 55.

47.

Verbindung einer Figur mit einem Kreise.

Wenn man eine Figur mit einem Kreise verknüpft, so kann dieselbe nicht von Halbmessern oder Durchmessern gebildet werden, weil diese sich alle im Mittelpuncte des Kreises durchschneiden. Fügen wir in Rücksicht dieser und der Sehnen noch die Beschränkung hinzu, daß sie jedesmal ganz als Seiten in die Figur eingehen sollen, so können durch folgende Verbindungen Figuren entstehen:

Durch 2 Halbmesser und eine oder mehrere Sehnen, wie F. 56 und 57.

Durch einen Durchmesser und zwei oder mehreren Sehnen, wie F. 58. Diese könnte man Figuren im Halbkreise nennen.

Durch lauter Sehnen. Diese Figuren heißen Figuren im Kreise, und der Kreis heißt um die Figuren beschrieben, wie F. 59.

Durch lauter Streiflinien oder Tangenten. Diese heißen Figuren um den Kreis, und der Kreis heißt in die Figuren beschrieben, wie F. 60.

48.

Verbindung mehrerer Kreise unter sich.

Werden zwei Kreise mit einander verknüpft, so kann man zuerst darauf sehen, ob sie denselben Mittelpunct haben, oder nicht.

Haben die Kreise denselben Mittelpunct, so heißen sie concentrische Kreise, wie F. 61. Zwischen beiden liegt ein Raum, welchen man den Ring nennt.

Haben die Kreise nicht denselben Mittelpunct, so können sie sich entweder berühren, oder schneiden, oder keins von beiden.

Berühren sich die Kreise, so kann dieses geschehen entweder von außen, wie F. 62, oder von innen, wie F. 63.

Durchschneiden sie sich aber, so heißt das gemeinsam Stock aebf F. 64. ein Linsenschnitt. Jedes der nicht gemeinsamen Stücke, wie aebc u. adbf heißt ein Mond (lunula).

Wenn sich endlich Kreise aus verschiedenen Mittelpuncten weder berühren noch schneiden, so können sie entweder in einander oder außer einander liegen.

Anmerkung.

Zur Wiederholung des Wichtigsten aus diesem Abschnitte könnte der Lehrer F. 65, oder eine ähnliche wählen, und sie so benutzen, wie F. 26. in §. 23. zur Wiederholung des ersten Abschnitts.

Gedruckt bei sel. Herrm. Gottfr. Effenbarts Erben.

Druckfehler.

Seite 52, Zeile 14 von oben lies: ohne daß.
S. 68, Z. 5 v. unten lies: 6 gerade Linien können sich.
S. 68, Z. 3 v. unten lies: 7 gerade Linien können sich.
S. 75, Z. 4 v. unten hinter: durch ergänze: man.
S. 93, Z. 8 v. unten statt b, c lies bc.
S. 121, Z. 6 v. oben statt ba lies bu.

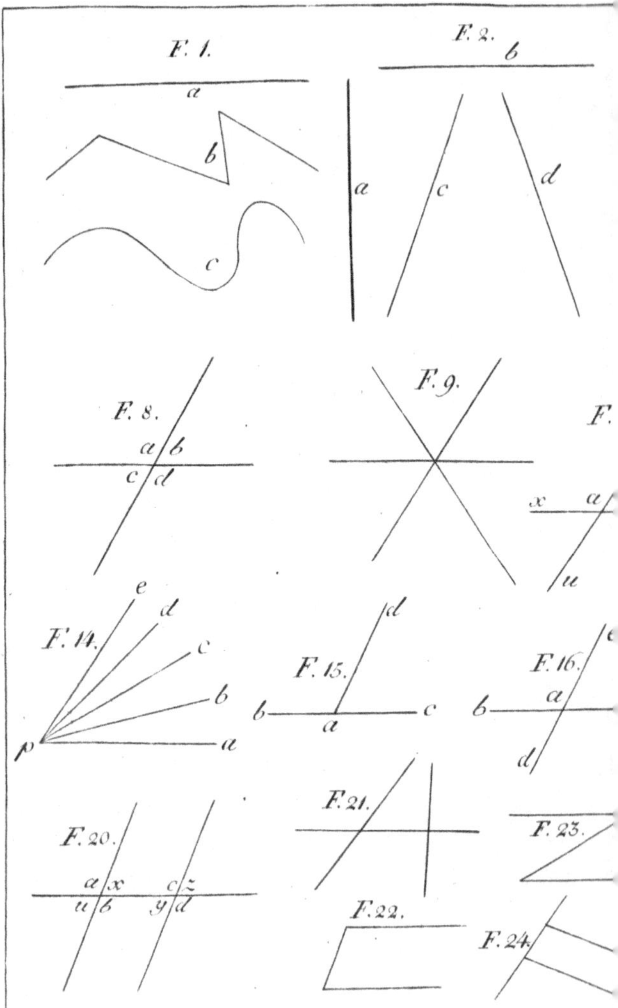
F. 1.
F. 2.
F. 8.
F. 9.
F. 14.
F. 15.
F. 16.
F. 20.
F. 21.
F. 22.
F. 23.
F. 24.

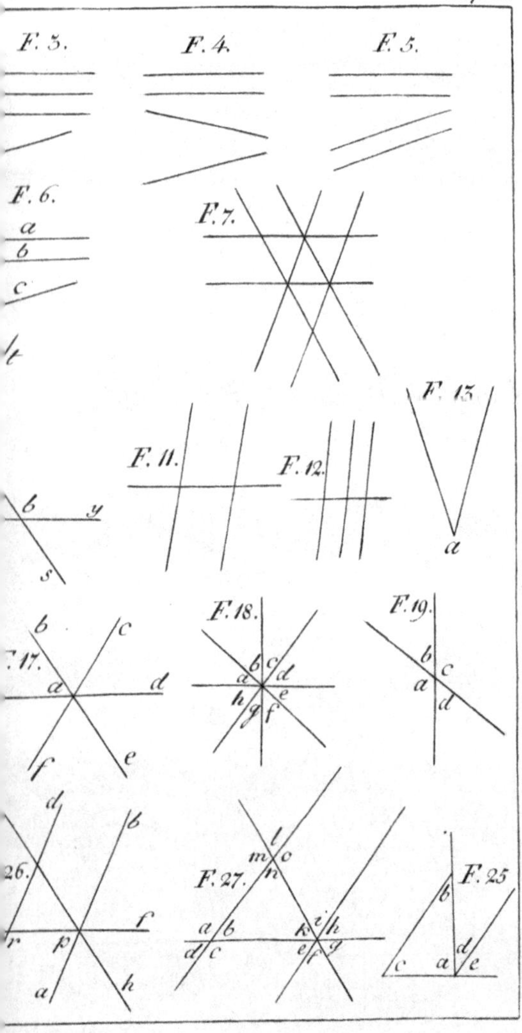
F. 3.
F. 4.
F. 5.
F. 6.
F. 7.
F. 11.
F. 12.
F. 13.
F. 17.
F. 18.
F. 19.
26.
F. 27.
F. 25

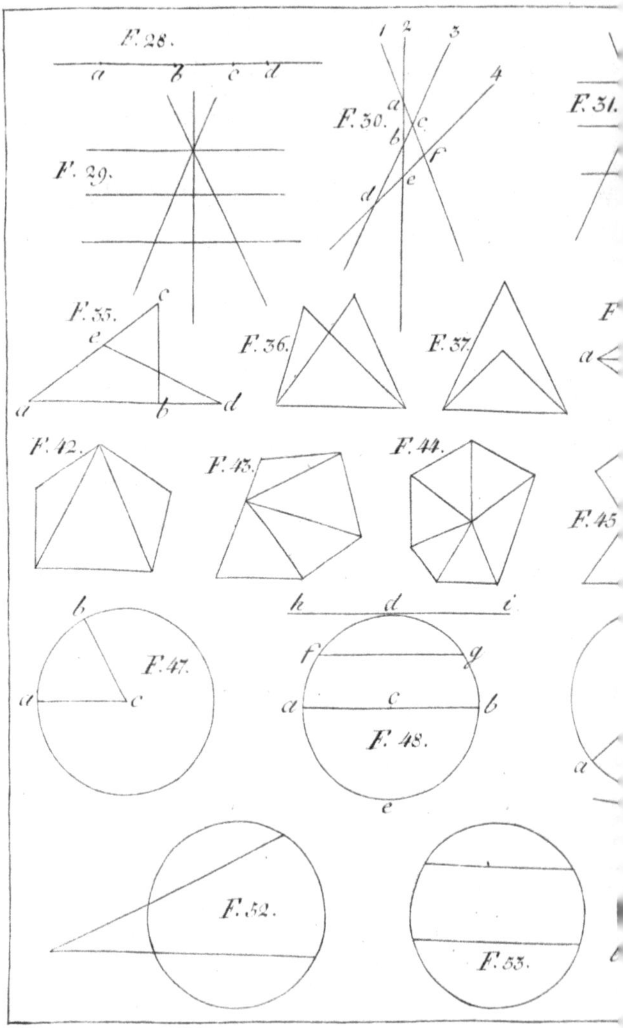
F. 28.
a b c d
F. 29.
1 2 3 4
F. 30.
a c b f e d
F. 31.
F. 35.
c e a b d
F. 36.
F. 37.
F. 42.
F. 43.
F. 44.
F. 45
h d i
b
F. 47.
a c
f g
a c b
F. 48.
e
F. 52.
F. 53.

Taf. II.

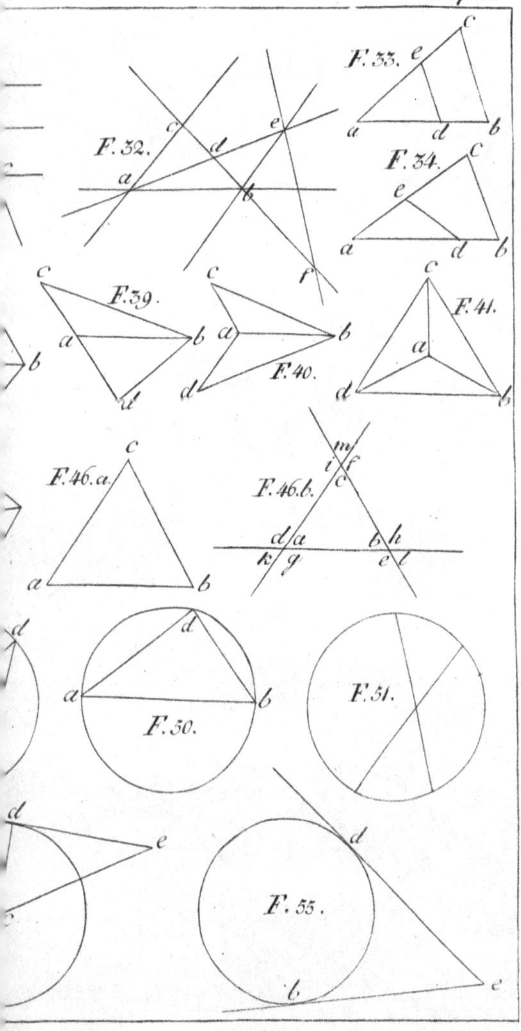

Taf: III.

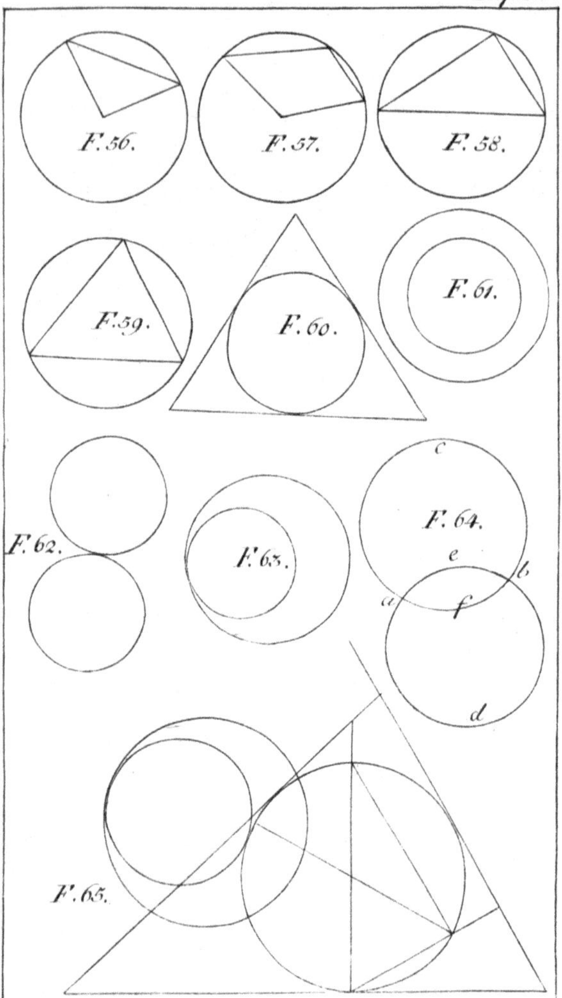

FSC
www.fsc.org
MIX
Papier | Fördert
gute Waldnutzung
FSC® C083411

Zeitfracht Medien GmbH
Ferdinand-Jühlke-Straße 7
99095 Erfurt, Deutschland
produktsicherheit@kolibri360.de